"1+X"职业技能等级证书配套系列教材

宠物护理与美容

CHONGWU HULI YU MEIRONG

（通用）

名将宠美教育科技（北京）有限公司　主编

中国农业出版社
北　京

"1+X"职业技能等级证书配套系列教材
《宠物护理与美容》
编写委员会

《宠物护理与美容》（通用）

编 审 人 员

主　　编　殷海鹰

副 主 编　杨　暖　王凯恩　张　莹

编　　者（以姓氏笔画为序）

丁　怡　王　力　王凯恩　许　锋　杨　暖

杨皓明　邱琦钦　张　莹　张颖怡　陈腊梅

周　琴　孟每林　柳　丹　姜　羽　殷海鹰

赖广南

审　　稿　王宝杰　曹　斌

FOREWORD 前言

2020年1月，名将宠美教育科技（北京）有限公司开发的宠物护理与美容职业技能等级证书和标准被教育部列入了国家1＋X证书制度第三批试点范围。3月，教育部颁布了宠物护理与美容职业技能等级标准，为广大宠物相关专业的职业院校及应用型本科师生的从业道路指明了方向。

近年来，随着宠物产业在国内的迅速兴起和快速发展，宠物护理与美容人才的短缺已成为制约宠物产业高速发展的瓶颈。《宠物护理与美容》正是在这样的政策背景和行业需求下应运而生的一本较为专业的培训教材，目的在于更好地规范宠物护理与美容流程、增强人员素质和加深专业知识储备，快速有效地培养行业专业人才，让学校少走弯路，从而为我国宠物行业人才从业模式奠定基础。

本系列教材分通用，初、中级，高级三册，不仅汇集了名将宠美教育科技（北京）有限公司多年业务经验，同时也包括各方面先进的护理美容知识和技术。

本册教材内容涵盖了宠物及宠物护理与美容、宠物医疗基础知识、宠物的饲养与繁殖、宠物基础行为心理学、宠物护理与美容设备和工具的使用、安全与保定、从业人员实务教程等全方位的知识与技术，对各种需要护理和美容的犬种，都配以浅显易懂的照片、绘图，可谓一目了然。本教材对于从事宠物护理与美容行业的人员具有较高的参考价值。

宠物护理与美容的方法随着时代的发展也会发生变化，然而其目标是不变的，即给予与人类朝夕相处的宠物一个更好的生活状态，同时也确保宠物的种族不断地繁衍下去。本教材所囊括的知识有限，要想成为一名优秀的从业人员，仅仅掌握本教材所涉及的内容是远远不够的，还必须付出更多的努力和汗水，同时还要能在实际业务操作中不断地总结和提高。通过实践和总结，将各种宠物的自然美和健康表现出来。

由于编者的能力有限、经验不足，教材中难免存在诸多不足，在此恳请本教材的使用者批评指正，我们在今后修订时会继续完善和改进。

最后，对参加文字编辑和图片拍摄的诸位编委会委员表示衷心地感谢！

编　者

2020 年 7 月

CONTENTS **目 录**

前言

第一章 CHAPTER 1

宠物及宠物护理与美容

第一节 宠物的基础知识

一、宠物的定义

宠物是指人们为了消除孤寂或出于娱乐目的而豢养的陪伴自己的动物，传统多以哺乳纲和鸟纲动物为主，如犬、猫、鸟类等，这些动物大脑较为发达，性情比较温顺，容易和人类交流。

随着时代的发展，人们对于宠物的定义更宽泛，包括所有非经济目的豢养和养殖的动植物。甚至还出现了虚拟的宠物。

如今，宠物在人们生活中所占的位置越来越重要，再加上宠物行业的快速发展，作为社会人，我们生活在一个与自然、动物共同相处的开放环境中，在与他人的交往、接触过程中，人与宠物、宠物与宠物之间，都有可能引发法律上的关系和问题。因此，如何定义宠物的概念，宠物概念的范围，都可能影响到我们的日常生活以及与他人的关系，这不仅是一个常识性问题，更成为一个法律问题。因此，在法律意义上对宠物概念进行界定就显得十分必要。

虽然我国的相关法律中还没有专门对宠物定义，但是很多国家和地区都对宠物进行了法律意义上的明确界定。结合我国的相关法律法规，可以对宠物的定义做出如下解读：

一是法律上所要求的"宠物"，应当以实际生活或人们日常生活中所理解的宠物为基础，同时又应当区别于生活中一般意义上的宠物概念，因为法律是以权利和义务为基石的，法律上对宠物定义的背后是对权利、义务的定位和分配。

二是法律上所规定的"宠物"，其本质应当为"物"，可以是现实物，也可以是抽象物。一个物要成为法律上所规定的"宠物"，应当能够被人所购买和饲养，并因为购买和饲养成为其饲养人的一项合法财产。

另外一个值得注意的问题是，宠物应当是其饲养人或拥有人的一项合法财产。此处的合法，不仅指其宠物来源合法，而且指其饲养也合法。如果一个"宠物"是以偷盗等非法手段得来的，如果该"宠物"是法律所不允许饲养的，那么它们就不能被称之为宠物。成为宠物的最低标准在法律上具有民事行为能力的人应该可以任意饲养和买卖，作为民法上的一项财产就应该与野生动物有重大的区别。

三是在城市里饲养宠物必然涉及与社区其他居民和环境的关系。因此，对宠物定义做出明确界定，就明确了哪些宠物是不能饲养的。例如某些城市出现过的在住宅小区中饲养鸡、

1

鸭当宠物而引起邻里纠纷的情况。那么，普通的鸡、鸭能否成为宠物的一员，必然会涉及很多实际问题。因此，对宠物概念的明确界定也就起到了定纷止争的作用。

四是曾经令人谈虎色变的"非典"和"禽流感"都是因为动物携带病毒引起的。因此在公共场所，哪些动物可以成为宠物，如何出行，就涉及公共卫生方面的法律问题。在传染性疾病流行期间，一些地方性法规就曾经对在公共交通设施内携带宠物的问题做出了规定。而鸡、鸭等禽类能否作为宠物进入交通设施和公共空间的问题就涉及对宠物明确的定义。

五是一些能够成为残障人士辅助工具的动物（如导盲犬）是否属于宠物，如果被纳入宠物的范围，是否适合与其他宠物的饲养遵循同样的法规，还是应有特殊规定。

国际爱护动物基金会认为，经过漫长的进化演变，猫和犬已经基本脱离了自然界的生物链，不再存在于生态平衡之中，是适合生活在人类家庭的动物，因而成为人们饲养的最主要宠物，广泛存在于人们的生活、工作当中。

本教材里所讲授的主要是对饲养最广泛的宠物犬和猫的护理与美容。

二、宠物的发展历史

千百年前，马、犬、猫、鱼、鸟等各种动物就已经走进了人类的生活，它们经过一代又一代的繁衍生息，从最初的实用性或食用性，慢慢成为人类生活不可或缺的陪伴者，有的甚至逐渐演化成血统纯正的集昂贵性、神秘性和稀缺性于一身的珍贵物种，被看做是有灵魂的奢侈品。

在不同的时代和地域，人们爱好的宠物种类也不尽相同。犬和猫属于进入人类生活较早也较为普遍的被驯化的动物。

（一）犬驯化的历史

犬是人类最早驯化的动物，被称为"人类最忠实的朋友"，也是饲养率最高的宠物。

1. 犬的起源

（1）犬的起源和起源地。距离最古老的犬骨骼被发现有大约 30 000 年的历史，是在克鲁麦农人（智人）出现以后。这些古老的动物骨骼总是在人类骨骼附近被发现。现在家庭饲养的犬的起源可以追溯到早期的野生灰狼（图 1-1-1），其他的潜在祖先包括豺（图 1-1-2）、郊狼（图 1-1-3）。

图 1-1-1　野生灰狼　　　　图 1-1-2　豺　　　　图 1-1-3　郊　狼

通过在欧洲和北美等地出土的化石和从犬科祖先进化到家犬的过程进行推测，家犬的形态类似于郊狼种、豺狼种、苍狼种，并且齿式和脚趾数也相同。

关于犬科的祖先之后的犬类起源有很多种假说。基于近年来急速发展的分子系统学的研究和DNA分析结果显示，家犬的祖先是约15 000年前生活在东亚的、被驯化的苍狼（lupus）。

在西南亚及欧洲，犬起源于狼，目前已经达成了共识，但是具体的发源地和时间则众说纷纭。到目前为止，最早的犬化石证据是来自于瑞士地区14 000年前的一个下颌骨化石（图1-1-4）；另外一个是来源于中东大约12 000年前的一个小型犬科动物骨架化石（图1-1-5）。

在东亚，犬的骨骼学鉴定特征提示犬可能起源于中国的狼，由此提出了犬的东亚起源说。此外，不同品种的犬在形态上极其丰富的多样性，似乎又倾向于犬起源于不同地理群体的狼的假说。

所以目前所知的考古学证据，很难提供犬起源的可靠线索。

图1-1-4 犬下颌骨化石

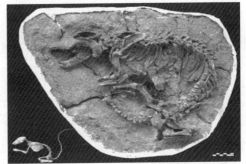

图1-1-5 小型犬科动物骨架化石

（2）狼的驯化。虽然在史前时期的智人的洞穴画上（图1-1-6）并没有发现人类使用犬只的迹象，但在欧洲的人类曾经生活的土地上，所发现的狼骨骼残骸有超过40 000年的历史。

在史前时期，人类并没有开始定居生活，而是跟随着他们的猎物进行转移。发生在10 000年以前的全新世和更新世之前的气候变化（冰河时代末期、气候突然变暖）改变了地表环境，森林替代了冰原，

图1-1-6 洞穴画

这种变化造成了鹿及野猪数量的爆发式增长，而猛犸象及野牛的数量急剧下降。这些动物的变化，也改变人们的狩猎方式，猎物变小了，人类使用了新的狩猎工具及狩猎技术。这时，以群体打猎方式打猎的人类开始与狼群争夺同样的食物来源。

很自然地，人们想到利用狼群来狩猎，于是在人类定居生活及饲养牲畜之前，就开始尝试狼的驯化。毫无疑问，早期的犬是用来打猎而不是畜牧的。

在早期的尝试中，只有少数狼可以被驯养。每次被驯养的狼死去后，又要寻找新的狼来

重新驯养。这些早期驯养工作对犬这个物种的产生起到了至关重要的作用。

狼的驯化始于亚洲的几个地方。根据考古发现，狼的驯化并不是一夜之间就开始的，而是经历了不断尝试驯化不同种类幼狼的过程。有的幼狼因为在生命的最初一个月里一直和人类待在一起，便开始拒绝它们的野外狼群了，这时驯化宣告成功。而在群体中狼天生的等级制度观念又使驯化变得更为容易，慢慢地，被驯化的及刚出生的狼都没有了回到野外的意识。

经过长时间和人类共同生活（图1-1-7），犬科动物发生了巨大变化，分布在全球范围内不同气候、不同文化、

图1-1-7　犬与人类共同生活

不同地形的各个地区，现代犬通过长期的进化发展，在头的形状、腿的长度、体型等方面都有各自的特征。在石器时代晚期，人类的生存方式由游牧式转为定居式，犬的多样性就开始出现。

（3）不同类型犬的出现。在美索不达米亚出现了两种大型犬种，一种是獒犬类型的犬（图1-1-8），用于保护牲畜免受食肉动物的伤害；另一种是灵缇犬类型的犬种（图1-1-9），这是一种善于奔跑的犬种，用来狩猎。

在中世纪，贵族们有自己的围场用于打猎，且围场之内是不允许普通人进入的，饲养犬打猎也就成了一种贵族们的娱乐方式（图1-1-10）。

图1-1-8　獒犬　　　图1-1-9　灵缇犬　　　图1-1-10　饲养犬打猎

依据犬本身的不同特点和捕猎技巧，人们将犬划分为不同的犬种进行培育。寻血猎犬（图1-1-11）与指示猎犬（图1-1-12）用于定位猎物而非捕杀猎物；嗅觉及视觉型猎犬用于追赶猎物以此消耗猎物的体能；吠叫型犬也用于追踪猎物，如巴塞特猎犬（图1-1-13）。虽然不可能完全依据骨骼来确定当时的犬种，但可以肯定的是，当时的一些犬种至今依然存在。

图1-1-11　寻血猎犬

图1-1-12　指示猎犬

图1-1-13　巴塞特猎犬

2. 犬的属性和分类

（1）犬的属性。犬属于脊索动物门、脊椎动物亚门、哺乳纲、真兽亚纲、食肉目、裂脚亚目、犬科动物，俗称狗，是一种常见的犬科哺乳动物，分布于世界各地。

犬属于伴侣动物，其寿命为12~18年。在中国文化中，犬属于十二生肖之一。

（2）犬种的数量和分类。犬种的数量有多种说法，英国生物学家哈博特提出了850种，在美国著名养犬人俱乐部《AKC犬名录》（以名称字母排序）收集的全世界犬种有300多种，AKC认可的有149种。

随着犬被人类驯化，出现了许多分类方法，一般犬种的分类有生物学上的系统法和用途分类法、自然分类法、体型分类法、赛犬分类法、被毛分类法等。系统法按照古墓、遗迹等挖掘出的骨骼、牙齿等推断。依据犬的不同用途进行分类，分为猎犬、导盲犬、军犬、救援犬、斗犬、警犬、玩赏犬、护卫犬、实验犬、食肉犬、拉拽犬等；依据犬的繁殖目的和用途进行分类，分为猎鸟犬、嗅犬、牧羊犬、警犬、视犬、斗犬、玩赏犬等；依据犬的体型大小进行分类，分为超小型犬、小型犬、中型犬、大型犬和超大型犬。

这里要特别提到小型犬，现代小型犬大多是改良的结果。所以目前的小型犬种，有不少种类从体型到习性、体毛等，都与原来的犬种有了相当大的差异。

对犬种进行客观的分类目前尚无统一标准，许多国家根据自己的国情制定了犬的分类方法和相应的分类标准。2 000多年前我国周朝就曾以用途作为分类依据，将犬简单地分为食犬、吠犬和田犬3大类，中国原生犬种有松狮犬、沙皮犬、北京犬、西施犬、藏獒等；日本将犬分为8类，即作业犬、日本原产犬、牧羊犬、猎兽犬、猎鸟犬、小型、玩赏犬和家庭犬；英国将犬分为6类，即猎犬、伴侣犬、工作犬、㹴犬、玩赏犬和灵缇犬。

美国权威宠物组织AKC将犬分为7类，即畜牧犬、非运动犬、㹴犬、工作犬、猎犬、玩具犬和运动犬。

① 畜牧犬（图1-1-14）。畜牧犬有一个共同的特点就是对其他动物有极佳的控制能力及驱赶能力。一个杰出的范例就是柯基犬，虽然肩高只有30 cm，但它们能够通过跳跃及咬牛的后蹄来驱赶牛群。现在大多数畜牧犬作为家庭宠物，从来没有机会接触农场动物，本能驱使畜牧犬去控制它们的主人，尤其是家里的小孩，机智的畜牧犬能够成为极好的伴侣且在训练中有极佳的表现。常见品种有边境柯利犬、德国牧羊犬、弗兰德牧牛犬等。

② 非运动犬（图1-1-15）。非运动犬具有多样性，在尺寸、被毛及外观上都有很大的不同。有些体格强壮结实且个性外观迥异，如松狮犬、大麦町犬、法国斗牛犬及荷兰毛狮犬；有些有不同寻常的外观，如史奇派克犬、西藏猎犬；有些被很多人狂热喜爱，如贵宾犬、拉萨犬。

比利时马林诺斯犬
Belgian Malinois

边境柯利犬
Border Collie

弗兰德牧牛犬
Bouvier des Flandres

柯利犬
Collie

德国牧羊犬
German Shepherd Dog

古代英国牧羊犬
Old English Sheepdog

彭布罗克威尔士柯基犬
Pembroke Welsh Corgi

喜乐蒂牧羊犬
Shetland Sheepdog

图 1-1-14 畜牧犬

比熊犬
Bichon Frise

英国斗牛犬
Bulldog

中国沙皮犬
Chinese Shar-Pei

松狮犬
Chow Chow

大麦町犬
Dalmation

法国斗牛犬
French Bulldog

贵宾犬
Poodle

柴犬
Shiba Inu

图 1-1-15 非运动犬

③ 㹴犬（图 1-1-16）。㹴犬是精力充沛的犬只，体型较小的有诺福克㹴、凯恩㹴或西高地白㹴等，体型较大的有万能㹴。它们的祖先被培育用来捕杀害兽，人们熟悉㹴犬是因为其性格，它们对其他动物或犬只有一点点耐心。一般来说，它们是迷人的宠物，但需要主人有坚定的意志以适应其顽劣的性格，许多㹴犬有刚硬的被毛，这就需要特别的美容，如推毛和拔毛是为了保持特征性的外观。常见品种有贝灵顿㹴、刚毛猎狐㹴、牛头㹴等。

6

贝灵顿梗
Bedlington Terrier

牛头梗
Bull Terrier

凯利蓝梗
Kerry Blue Terrier

迷你雪纳瑞
Miniature Schnauzer

苏格兰梗
Scottish Terrier

威尔士梗
Welsh Terrier

西高地白梗
West Highland White Terrier

猎狐梗
Fox Terrier

图 1-1-16 梗犬

④工作犬（图 1-1-17）。工作犬体型大，体格强壮、机智且有能力，适当训练后成为人类忠诚的伴侣，但该类犬不适合作为家庭宠物。人们培育它们主要用于执行护卫、拉雪橇及水中救援等。常见品种有杜宾犬、西伯利亚哈士奇犬、大丹犬等。

秋田犬
Akita

阿拉斯加雪橇犬
Alaskan Malamute

伯恩山犬
Bernese Mountain Dog

杜宾犬
Doberman Pinscher

大丹犬
Great Dane

萨摩耶犬
Samoyed

哈士奇犬
Siberian Husky

巨型雪纳瑞
Giant Schnauzer

图 1-1-17 工作犬

⑤猎犬（图 1-1-18）。猎犬普遍的特性是比较难掌控，大多数猎犬都保留了祖先遗传下来的捕猎天性：有些通过极佳的嗅觉捕猎；有些天生拥有超强的耐力，能够顺利追捕到猎物；有些则善于吠叫。在决定饲养一只猎犬之前，最好对特性了解清楚。常见品种有法老王猎犬、挪威猎麋犬、阿富汗猎犬、比格犬等。

阿富汗猎犬
Afghan Hound

比格犬
Beagle

腊肠犬
Dachshund

灵缇犬
Greyhound

惠比特犬
Whippet

图 1-1-18　猎　犬

⑥玩具犬（图1-1-19）。玩具犬极具观赏性，大多为小型犬且有讨人喜欢的表情，能让人们心情愉悦。有些玩具犬娇小的外表下性格很强悍。玩具犬普遍易掉毛、制造混乱、需要很多照顾，但相对于大型犬来说是相对好控制的。玩具犬适合城市居民以及没有较大居住空间的人们饲养，它们是理想的公寓犬，在寒冷的夜晚会待在主人的大腿上起到保暖作用。常见品种有玩具贵宾犬、西施犬等。

吉娃娃犬
Chihuahua

中国冠毛犬
Chinese Crested

马尔济斯犬
Maltese

北京犬
Pekingese

玩具贵宾犬
Poodle (Toy)

博美犬
Pomeranian

巴哥犬
Pug

西施犬
Shih Tzu

约克夏狸
Yorkshire Terrier

图 1-1-19　玩具犬

⑦ 运动犬（图1-1-20）。运动犬天性好动且机警，在水中及树林中能够表现出显著的天性，有些运动犬现在仍然参与狩猎及其他活动，让运动犬进行常规、定期锻炼很重要。运动犬是可爱、全面的伴侣犬。常见品种有金毛寻回猎犬、可卡猎犬等。

美国可卡犬
Cocker Spaniel

英国可卡犬
English Cocker Spaniel

英国史宾格犬
English Springer Spaniel

金毛寻回猎犬
Golden Retriever

拉布拉多犬
Labrador Retriever

图1-1-20　运动犬

3. 犬与人类的关系　自古至今，犬扮演了许多不同的角色，并参与到不同的活动当中，包括作战、提供食物、在极地拉雪橇、参与献祭活动等。

罗马帝国在犬只繁殖方面是先驱者，也造就了之后犬种的多样性，图1-1-21是罗马士兵带着獒犬在战场上的场景。

图1-1-21　罗马士兵带着獒犬在战场上

在犬与人共同生活的过程中，犬与人的关系日益密切，功能性逐渐增强。如今，人们依据不同犬种的不同特性，强化了犬只特有的一些功能性，形成了许多不同类别，如牧羊犬、雪橇犬等。

大家熟知的阿拉斯加犬、西伯利亚哈士奇犬、萨摩耶犬就是雪橇犬种，它们来自冰天雪地的高纬度地区。即使同属于雪橇犬，这三种雪橇犬又有各自的特征，它们这些特征都与当地人的生活息息相关。图1-1-22展现的是19世纪的阿拉斯加地区一个送信件的雪橇队。

图1-1-22　阿拉斯加送信件的雪橇队

现在，随着经济的发展以及城市化进程加快，人们的生活发生了更大的变化，犬从最初的狩猎、看家护院，逐渐发展到娱乐人类，进而专职陪伴，成为名副其实的宠物。而在各个国家和地区的安保系统中，警犬无疑扮演着重要角色，它们与警员及士兵的配合作战达到极致，为市民的人身及财产安全提供了重要保障。

（二）猫的进化与驯养

1. 猫的起源与驯化　人类驯养猫的历史比驯养犬晚得多，在不同的史前人类遗址附近都曾发现过猫的残骸。家猫是由野猫不断进化而来的，亚洲家猫的祖先是印度沙漠猫；欧洲家猫的祖先是非洲山猫。一些古生物学家在南欧和北非的古代地层中发现了众多的野猫遗骨，因而可推测猫在上新世冰河期就已经是遍布很广的野生动物了。

家猫是由野猫经过人类长期饲养和驯化后演变而来的。人们从什么时候开始驯化野猫，目前还说不清楚。据有关文献记载，最早开始养猫的是尼罗河上游的古埃及人，自公元前3100年开始，埃及人通过掠夺努比亚的奴隶带来了捕鼠技能高超的黑爪猫，到公元前1500年，养猫已十分盛行。古埃及人很早就在尼罗河谷地种植农作物，储备粮食，但鼠害严重，后来由于饲养了捕鼠技能高超的黑爪猫，大大减轻了鼠害。从此以后，猫开始接近人类，并逐渐成为人类的伙伴。

2. 猫的属性和种类

（1）猫的属性。猫属于猫科动物，分为家猫和野猫，是全世界家庭当中较为广泛饲养的宠物。

猫是鼠的天敌，以伏击的方式猎捕其他动物，行动敏捷，善于跳跃，大多能攀缘上树。

（2）猫的种类。猫有短毛猫和长毛猫。

① 短毛猫。毛短，整齐光滑，肌理细腻，骨骼健壮，其动作敏捷，具有野生的特征，日常护理比较容易，懂人语，温顺近人。

短毛猫几乎分布于世界各地，主要品种有：英国短毛猫（图1-1-23）、美国短毛猫、欧洲短毛猫、东方短毛猫、暹罗猫（图1-1-24）、卷毛猫（四个品种）、缅甸猫（分美洲缅甸猫和欧洲缅甸猫）、哈瓦那猫、新加坡猫、曼岛猫（马恩岛猫）、埃及猫、孟加拉猫、苏格兰折耳猫、美国卷耳猫、加州闪亮猫、加拿大无毛猫（斯芬克斯猫）、日本短尾猫、呵叻猫、阿比西尼亚猫、孟买猫、俄罗斯蓝猫、亚洲猫（含波米拉猫）。

图 1-1-23 英国短毛猫　　　　图 1-1-24　暹罗猫

② 长毛猫。毛长 5~10 cm，柔软光滑，因季节不同而稍有变化，体形优美，动作稳健，性格温顺，叫声柔和，在主人面前喜欢撒娇，依赖性强，喜欢与人亲近，皮毛需天天梳理，初夏时会有较为严重的掉毛。

长毛猫的主要品种包括波斯猫（英国称 longhair）、金吉拉猫、喜马拉雅猫（一般来说，金吉拉猫和喜马拉雅猫算是波斯猫的一种）、缅因猫、伯曼猫、安哥拉猫（图 1-1-25）、土耳其梵猫、挪威森林猫、西伯利亚猫、布偶猫（图 1-1-26）、索马里猫。

图 1-1-25　安哥拉猫　　　　图 1-1-26　布偶猫

3. 猫与人类的关系　因为猫行动小心、诡秘，瞳孔的形状随光线的强弱而变化，夜间也能视物，所以，古埃及人把猫视为至高无上的"神"，视为圣物，对猫和猫头女神（母亲和孩子的保护神）同等崇敬，并尊奉为月亮女神巴斯特的化身。在古埃及，猫死亡后，要举行隆重的哀悼仪式，并将猫尸制成木乃伊，还要添加香料和防腐剂，放在铜制的棺椁中下葬，墓前立碑，碑文上记述着主人对爱猫的无限哀思。这种习俗，在很多国家一直延续到19 世纪。

猫的历史并不都是这样显赫的，它也有一段不幸的遭遇。在欧洲中世纪基督教盛行以后，人们认为被神化了的猫，正是"妖魔的化身"，猫在黑暗中眼睛发光，走路没有声音，正像是当时人人都害怕的魔女的形象，随时会给人们带来灾难，于是统治者鼓励人们用各种方法来处死猫，以避除凶邪。

在东方，印度河流域是猫的最早驯化地区。我国养猫的时间较晚一些，大约开始于公元前 11 世纪，在西周时期就有关于猫的记载。春秋战国时期的《礼记》《吕氏春秋》等都有养猫捕鼠的描述，说明当时养猫用于捕鼠已非常普遍。

三、宠物对人类的特殊意义和作用功能

（一）宠物被人类赋予特殊的意义

在人类的整个宠物驯养过程中，发展到后期，有些名贵的宠物甚至被赋予特殊的意义，也有着色彩浓烈的个性标签。例如，埃及的猫在当地是神一样的存在，甚至在古埃及就已被写入当时的律典当中；神秘的禁宫之宝暹罗猫在泰国被当做神殿的守护神，肩负着守护庙宇内珍藏的无数上古神器的使命；在我国藏族，威武凶猛、卓尔不群的藏獒被当作自己生命与财产的保护之神，被称为"活佛的坐骑"，雄踞世界名犬之首；"龙"是我国人民最喜爱和崇拜的神物，而活化石红龙鱼被视为龙的化身，代表着吉祥与尊贵，也象征着高贵、吉利、财富等。

这些动物中的佼佼者最初并不是供人玩赏的宠物，在它们身上始终笼罩着一层神秘的光环，同时也流传着许多古老的神话和传说。

从这些珍贵的宠物身上我们可以发现，从宠物进入人类的生活之初，其昂贵的身价就注定只有少数人才能拥有它们，它们具有传奇色彩的发展进化历史都代表着别样的荣耀，使之成为财富和社会地位的象征。这些被神话和出身高贵的宠物占据着上层人士生活中的大部分时间，王室贵族以拥有这些神一样的宠物为荣，就如同贵族阶层的符号，给予宠物拥有者特别的光彩和荣耀。而在我国古代，更是不乏历代皇帝饲养、恩宠各种猴、鸟、猫、犬的故事。

（二）宠物对人类的作用和功能

猫和犬经过漫长的进化演变，已经脱离了自然界的生物链，不再存在于生态平衡之中，是适合人类家庭生活的动物，融入人们的生活、工作之中。

宠物的功能从最初的实用性到娱乐功能，再到现在的陪伴、协助人类生活等，人与动物的关系日益紧密，宠物之于人具有了更多的作用与功能。

随着人们的生活水平越来越高，普通民众也有经济能力饲养宠物，尤其是现代独立家庭越来越多，家庭成员越来越少，包括一些失独家庭、留守老人家庭的大量存在，而社会化的日常交流越来越少，孤独感使人们热衷于饲养一些喜欢的宠物来陪伴自己。

宠物作为人类的伴侣动物，是很多人快乐的源泉，也是人类获得幸福感和健康生活的一个来源。国外对犬、猫饲养者进行调查发现，拥有宠物能明显改善人的健康状况，每年就医的次数明显减少，一些患有心脏病和其他慢性病的人在饲养宠物犬、猫后，心理状态得到调解，临床症状明显减轻。对于一些独居的老年人，饲养宠物更有益于他们的身心健康，通过与宠物的互动，使老年人的生活更充实，能获得更多快乐。尤其是宠物犬更是单身老年人最好的生活伴侣，独居的老人在家发生意外情况，如中风、心脏病突发等，经过训练的伴侣宠物能及时起到报警作用。

在心理治疗领域，犬被心理学家广泛用于医治或帮助那些有问题的成人和孩子。

饲养宠物可以缓解压力，为主人提供精神支持，在竞争日益激烈的现代社会，特别是在遇到打击的时候，通过与自家宠物互动，可以减轻压力，提高工作效率，更有利于饲养者的心理健康。

饲养宠物对于培养孩子的责任心和爱心以及提高社交能力都会有帮助。孩子在抚养宠物时会扮演正面角色形成责任感，孩子对动物的理解、同情、关心和爱，在和人的交往中更易产生同理心，有益于良好社会人际关系的形成（图1-1-27）。

图 1-1-27　孩子与犬在一起

宠物的听觉和嗅觉都十分灵敏，在主人遇到意外时，宠物犬会挺身而出奋不顾身保护主人和家庭；训练有素的宠物在家中发生诸如煤气泄露、忘关水龙头等问题时，也会及时提醒主人，因而使整个家庭更有安全感。

第二节　宠物护理与美容的发展

一、宠物护理与美容的概念与起源

（一）宠物护理与美容的必要性

英文 GROOM（宠物护理）原本是指保持马匹的清洁干净、预防疾病、发挥其动感美，后来逐渐发展到宠物犬、猫的身上。

在犬的成长过程中由仔犬到幼犬为换毛期，换毛期的日常健康维护，刺激皮肤促进血液循环，驱除寄生虫，清洁身体，增进食欲等，为最基本的犬护理。犬的毛发是一直在生长的，大多数犬在春季和秋季都有脱换毛的现象，需要经常梳理毛发。尤其是马尔济斯犬、西施犬、贵宾犬等深受欢迎的室内犬，它们拥有一身长长的漂亮体毛，但是在四季换毛时如果饲主对它们疏于照顾，没有及时帮它们整理和修剪，宠物就会变得又脏又丑，体毛不光会纠结到一块儿或起毛球，还会发出恶臭，导致皮肤病，影响身体健康。若对此置之不理，毛球会变成数个大的块状固体，这时想修剪已无可能。所以宠物毛发的日常梳理非常重要，一般的常规护理需要每天进行，不仅可以减少被毛毛结的形成，还可促进皮肤血液循环，加速毛囊的修复生长。由于犬被毛类型多样，对护理手法、护理工具的要求也不尽相同。如卷毛犬，拥有浓密的卷曲毛发，在耳后、腋下、颈部容易打结，需要用钢针梳进行日常梳理；软毛犬毛发脆且易断，梳理时要选用木柄针梳，通过手腕的力量轻轻梳理被毛，以减少对毛发的损伤；对于硬毛的犬种，可使用刮毛刷，去除底层绒毛和脱落死毛，只留下表层的硬直毛。对于丝质毛发，在梳理的同时，还要采用防静电的被毛护理用品和护发素，以避免发质受损。

对于犬和猫的护理与美容来说，毛发梳理是最基础、也是最关键的一步，一个小小的毛结都会影响到之后的美容修剪效果，对于长毛犬，毛发一定要梳通、梳透，不能漏掉任何一个部位，如腋下、腹下等。梳理过程中如发现毛结，应采用正确的开结方法，避免用力拉扯毛发，弄疼犬或折断毛发，避免为以后的美容工作带来困难。

此外，随着饲主和宠物之间关系的日益密切以及人们欣赏水平的提高，人们对宠物的形象、颜色、外观、服饰等，都有了更高的要求，宠物日益成为人们生活不可缺少的陪伴者。所以除了定期为宠物梳理体毛，以保持体毛与皮肤的卫生外，对宠物更精细的美容护理也会越来越多。同时在宠物的精神层面，也要为它解除压力，使宠物的生活更加愉快和舒适，这样不仅能促进双方的感情，还可以延长宠物的寿命。

（二）宠物护理与美容的概念

宠物护理与美容是指使用工具及辅助设备，对各类宠物进行毛发（羽毛）、指爪、耳朵、眼睛、口腔等部位的清洁、修剪、造型及染色的过程。宠物护理与美容不但可以保持宠物身体的清洁，使其形体更加优美，且还起到对宠物的保健作用。保健还包括对宠物进行医疗保健与救治的特殊护理内容。宠物护理与美容同时还包括对宠物进行基础训练、居家礼仪、规范宠物一些不良行为等内容。

二、宠物护理与美容的起源

犬的护理与美容最早起源于古罗马时期。在奥古斯塔斯国王统治期间，其纪念碑、坟墓上都雕刻有贵宾犬的图案，那个时期的贵宾犬已有其独特的造型，就是只在头部和前胸留下厚厚的毛发，四肢和尾巴的毛发剪得极短，使其看起来像是森林之王，如同当今风靡的夏装——狮子装。到了 15 世纪至 17 世纪，当时的油画和挂饰上出现了更多具有欧洲贵族特色的犬造型图案，其中包括西班牙猎犬、比熊犬、马尔济斯犬和贵宾犬。

在欧洲，最初为犬修剪毛发是为了有助于犬的工作，使它们更方便在水中捕猎。如为贵宾犬去掉多余的毛发，这样有助减少犬只在水中的阻力，而保留的毛发则可以较好地保护犬只。当贵宾犬不再是工作犬时，沿袭下来的修剪习惯就成为了一种时尚。从 17 世纪开始，贵宾犬成为法国宫廷犬种，美容也仅限于贵宾犬。贵宾犬也被称为贵妇犬，因法国贵妇而得名，饲养贵宾犬成为贵族们的时尚。

到 18 世纪，巴黎的街道上开始出现专门为贵族们的犬只提供美容服务的美容师，做各种不同的造型。19 世纪初，在巴黎塞纳河畔，宠物美容师职业已初具规模；到了 19 世纪 90 年代，拿破仑三世的妻子尤金妮娅王妃也开始热衷于给犬修剪造型，并设计出一个独特的贵宾造型，即打破传统的短发造型，将长发搓成绳状自然下垂，这种造型在当时风靡一时。在同一时期的伦敦，犬美容师们成立了"狗狗美容俱乐部"时尚沙龙，专门给有钱人提供如犬香波洗浴、染色和按摩服务等奢侈消费。除此之外，还给犬量身定做披风、晚礼服以及佩戴珠宝饰品；美容大师 R. W. Brown 甚至会根据有钱人的要求在犬被毛上雕刻寓意家族的字母或符号。到了 19 世纪中后期，犬的美容修剪开始在英、法等国流行，并出现了专职的宠物美容师，伦敦也出现第一家有宠物美容业务的俱乐部。

进入 20 世纪以后，宠物美容才逐渐进入到普通百姓家庭，从最初的剪指（趾）甲、拔耳毛、洗澡，到创意造型修剪、个性装扮，再到 SPA 美容保健。

三、宠物护理与美容在我国的市场前景

（一）宠物护理与美容的意义

宠物护理与美容不管是对于宠物还是饲主，都有着重要意义：一是宠物美容能遮掩宠物的体型缺陷，增添美感；二是宠物美容与护理能给宠物增添清爽舒适的感觉，使宠物整洁健康；三是美容与护理是宠物与主人之间重要的情感交流手段，能迅速建立起两者更好的信任

关系；四是美容与护理既可以起到美容效果，同时也提供了一个给宠物仔细检查身体的机会，可以及早发现宠物的身体异常。

饲养室内宠物，饲主就有照料和保护自己宠物的责任和义务。室内宠物与饲主共同生活在一起，已经成为饲养者事实上的家族成员之一，因而保证宠物清洁与健康的工作必不可少。随着我国家庭结构的变化与经济水平的提高，宠物消费也逐渐演变为一种"情感消费"，人们希望自己的爱犬与众不同、美丽可爱。人们对宠物美容的期望值越来越高，也对宠物美容技术的提高与创新提出了更高的要求，宠物美容作为一种护理服务业务，将有巨大的市场前景。目前发达国家在宠物上的消费高达十多亿美元，可以预见，未来我国的宠物市场将有巨大的潜力。

（二）宠物护理与美容市场潜力巨大

现代社会，越来越多的宠物成为家庭的重要一员，宠物产业在社会经济中所占的比重越来越大，宠物美容、用品、药品、宠物医院、宠物饲料等相关产业正在得到迅速开发。在我国，随着独生子女的增多和老龄人口的增加，宠物作为家庭一员成为独居家庭成员的陪伴者和情感依靠。对于大部分城市居民来说，他们手中有较多的可支配资金能够满足宠物的各方面需要。中国的年轻人已将饲养宠物作为时尚与身份的象征。政府对宠物的管理更为规范，宠物业发展前景很好，潜力巨大。

中国的宠物护理与美容行业从 20 世纪 90 年代开始兴起，近些年越来越多的人开始从事这个行业，除了宠物日常的护理与美容，参展赛级犬的美容又将宠物美容提上了一个新的台阶和高度。赛级犬的美容除了让犬只保持清洁、漂亮的外观之外，还要根据每只犬的特点，考虑到如何掩盖修饰它们的不足之处，使它们看上去更接近标准。这也是赛级犬美容的关键之处，其费用也是一般宠物犬美容的数倍。

有统计数字显示，2018 年中国一个中型城市养犬的数量为 10 万只左右，大型城市则达到 20 万只，仅上海一个城市宠物相关产业每年就有近 6 亿元人民币的市场潜力。中国宠物市场目前还处于起步阶段，随着中国经济的不断发展，可以预见中国的宠物市场前景将极为广阔，对从事宠物相关职业的专业人员需求也会越来越大。

第三节 宠物行业组织与宠物赛事

一、宠物行业组织

（一）国际主要宠物行业组织

1. 美国养犬俱乐部（AKC） AKC（American kennel club）成立于 1884 年，由美国各地 530 多个独立的养犬俱乐部组成，是致力于纯种犬事业的非营利组织。约有 3 800 个附属俱乐部参与 AKC 的活动，使用 AKC 的章程来开展犬展览，执行有关事项和教育计划，并开办健康诊所。每年经 AKC 批准举行的活动有上万项，其中包括 3 000 多场犬展，2 000 多场服从赛及追踪训练和 3 000 多场表演活动。AKC 认证的纯种犬有 170 多种，分为 7 个组别。

2. 英国养犬俱乐部（KC） KC（Kennel Club）成立于 1874 年 4 月，是世界上最早的犬协组织，其制定的以优胜证明书作为冠军资格犬只获奖的授奖办法，被后来者广为效仿并沿用。KC是三个公认对犬种分类最有影响力的组织之一，至今认定的纯种犬达190多种。

3. 世界犬业联盟（FCI） FCI成立于1911年，有近百年的历史，总部位于比利时，是目前世界上最大的犬业组织。FCI最初由比利时、法国、德国、奥地利、荷兰5国联合创立，现已具有84个成员机构，这些机构都保留有自己的特性，但都归属于FCI统一管理，并且使用共同的积分制度。目前FCI承认世界上340个犬种并将其所有认可的纯种犬分为10个组别，其中每个组别又按产地和用途划分出不同的类别。FCI在各大洲都有分支机构。亚洲机构（亚洲犬业联盟/AKU）包括中国（CKU、KCT）、日本（JKC）、韩国（KCC）等。

4. Barkleigh 全球知名的宠物美容组织，该组织在比利时、英国、荷兰、意大利、西班牙、法国、德国、美国、加拿大、阿根廷、波多黎各、智利、巴西以及澳大利亚均有合作的协会。Barkleigh的亚洲事务由名将犬业俱乐部（NGKC）全权负责开展。

（二）国内主要宠物行业组织

1. 中国畜牧业协会犬业分会（CNKC） 中国畜牧业协会于2001年12月9日成立，在农业农村部、民政部及相关部门的领导和广大会员的积极参与下，始终围绕行业热点、难点、焦点问题和国家畜牧业中心工作，先后多次被评为国家先进民间组织和社会组织，2009年6月被民政部评估为"全国5A级社会组织"，2010年2月被民政部评为新社会组织深入学习实践科学发展观活动先进单位。

犬业分会是中国畜牧业协会的分支机构。是在原中国犬业协会的基础上，经农业农村部和民政部批准，由从事犬业及相关产业的单位和繁育、饲养、爱犬人士组成的全国性唯一全犬种行业内联合组织。

2. 名将犬业俱乐部（NGKC） NGKC是"National General Kennel Club"的缩写，是集行业组织、教育机构、认证机构、评价机构等属性为一体的多功能培训评价组织，在宠物行业职业技能评价技术领域具有核心竞争力，是国内唯一运用DNA技术进行纯种犬认证的专业机构，也是国内首个以纯种犬系统繁育管理为基础的组织。

2008年2月，NGKC成为美国"AKC全球服务"项目的首位合作者，领跑中国犬业，代表了目前中国犬业职业技能培训的最高水平，并成为国内众多犬业俱乐部的奠基者。2012年9月，NGKC正式获得AKC认可，在中国以AKC赛制标准举办犬赛及纯种犬登记注册工作。

2013年，NGKC加入中国畜牧业协会，受农业农村部、中国畜牧业协会委托，进行考核认证颁发国家认可的宠物业职业技能鉴定等级证书，制定行业准入标准，主要对应宠物服务行业的宠物健康护理、宠物驯导、宠物美容等职业岗位进行初、中、高三级相关技术技能人才的培养。

3. 中国工作犬管理协会专业技术分会（北京中爱联合犬业俱乐部有限公司）（CKU）2006年4月，CKU以中国光彩事业促进会犬业协会身份加入FCI，后加入中国工作犬管理协会，以专业技术分会开展工作，是世界犬业联盟（FCI）在中国的唯一合作伙伴。在FCI的授权下执行对FCI认定的纯种犬种进行繁殖登记注册管理，并按FCI赛制举办犬赛。

4. 中宠宠物及用品发展服务中心（CPSC） 中宠宠物及用品发展服务中心是由中华全国供销合作总社在民政部登记注册的民办非企业事业单位，于2004年9月通过民政部批准成立。是本着自愿举办原则，从事非营利性社会服务活动的社会组织。

二、宠物赛事与展会

（一）国际宠物赛事与展会

美国西敏寺犬展　美国西敏寺犬展（Westminster kennel club dog show）的历史已经有130年，是美国历史上最古老的运动竞赛之一。1876年，Westminster饲养协会会员们将自己的犬带到费城的美国百年纪念庆典上，并将其组织更名为Westminster kennel club。1884年，西敏寺俱乐部通过选举成为第一个AKC的会员俱乐部，同时也是AKC旗下最大的全犬种俱乐部之一。

西敏寺犬展每年举行一次，由西敏寺俱乐部负责筹办、宣传、运行和执行。从1992年开始，俱乐部规定只有取得冠军登记的犬才有资格参加西敏寺的比赛。美国全国最优秀犬只的最终目标就是获得西敏寺的冠军，这也是众多国外顶尖犬只的终极目标。

西敏寺犬赛管理委员会需要大约40名职业裁判才能确保犬赛工作的正常进行。获得全场总冠军的犬需要通过3个裁判的认可，他们分别是：决定最佳犬种奖（BOB）的裁判、决定最佳组别奖（BIG）的裁判，决定全场总冠军（BIS）的裁判。

西敏寺犬赛可以说是真正的犬类奥林匹克运动会。2015年，参赛犬只达到3 000只左右，近两年更有大陆专业人士参赛，并斩获BOB、BIG等桂冠。

（二）国内宠物赛事与展会

1. NGKC赛事　2014年1月，NGKC正式加入中国畜牧业协会（原CNKC），与中国畜牧业协会合作每年按照AKC赛制进行上百场全犬种比赛，同时开展美容师的鉴定赛。

迄今为止，NGKC在全国举办的犬类赛事累计超过1 000场，累计为超过7万人提供了培训、考核服务。原"AKC全球服务——中国积分赛"更名为"中国纯种犬职业超级联赛"，积分榜更名为"中国纯种犬积分排行榜"。

2. CKU赛事　CKU作为FCI在中国的合作伙伴，经过16年的发展，每年举办犬赛和犬展，同时举办美容师鉴定赛并开展裁判培训。

3. 亚洲宠物展　亚洲宠物展览会（Pet Fair Asia，简称PFA）于1997年成立，伴随着中国宠物业的飞速发展，经过20多年的历练，已成为宠物行业不容错过的年度聚会平台和业内公认的亚洲宠物旗舰展。亚洲宠物展已经成为成熟的集品牌宣传、关系网络建立、渠道开发、新品发布、畜主互动等功能于一体的首选平台。

4. 中国国际宠物水族用品展览会　中国国际宠物水族用品展览会（CIPS）由长城国际展览有限责任公司于1997年在北京创办。2015年起，展会移师上海国家会展中心举办。2019年，CIPS从最初约4 000 m² 的展出面积发展到130 000 m²，参展厂商也从最初的86家增长到1 387家。这些厂商来自全球20多个国家。CIPS不仅是国际企业拓展中国宠物市场的平台，也成为中国企业走向国际宠物市场的桥梁。

第二章 *CHAPTER 2*

宠物医疗基础知识

第一节 宠物有机体的基本结构

一、动物的组织结构

一切生物体都是由细胞和细胞间质构成的。宠物种类繁多，器官组织形态多样，但都是多细胞生物。其中一些来源相同、形态功能相似的细胞和细胞间质组成各种组织；几种不同组织按照一定的规律有机结合在一起构成器官；若干个形态结构不同、功能相关的器官联合在一起构成系统；许多系统构成一个完整的有机体。

1. 组织 组织是由一些来源相同、形态功能相似的细胞群和细胞间质构成的。组织可分为4种：上皮组织、结缔组织、肌组织和神经组织。

（1）上皮组织。上皮组织简称上皮，是由大量排列的细胞和少量的细胞间质构成的。上皮组织主要有吸收、保护、分泌等功能，主要分布在动物体表、内脏器官的表面和腔性器官的内表面。

（2）结缔组织。结缔组织由细胞和细胞间质组成。结缔组织与上皮组织比较有以下特点：①细胞种类多、数量少，无极性、散落分布在细胞间质中；②细胞间质成分多，由基质和纤维组成；③不直接与外界环境相接触。结缔组织是体内分布最广泛、形态结构最多样的一类组织，具有连接、支持、营养、保护、修复等功能。按照结缔组织结构和功能的不同可分为疏松结缔组织、致密结缔组织、网状组织、脂肪组织、软骨组织、骨组织、血液和淋巴。

（3）肌组织。肌组织由肌细胞和肌细胞之间少量的结缔组织、血管和神经组成。肌细胞又称为肌纤维，呈长纤维状。肌细胞膜称为肌膜，肌细胞的细胞质称为肌浆。肌细胞内的肌丝是其收缩和舒张的物质基础。机体的各种运动均是肌细胞收缩和舒张的结果。根据其结构和功能的特点，将肌组织分为三类：骨骼肌、心肌和平滑肌。

（4）神经组织。神经系统的主要组成部分是神经组织。神经组织由神经细胞和神经胶质细胞组成。神经细胞又称为神经元，是神经系统的基本结构和功能单位。

2. 器官 器官是由不同的组织按照一定的规律有机结合而成，具有特定形态、结构并完成特定的功能。根据组织结构的不同，可将其分为中空性器官和实质性器官。中空性器官是指内部有较大空腔的器官，其特点是管壁分层，由不同的组织构成，如膀胱、气管、血管、食管、胃等。实质性器官是指内部无大空腔的器官，一般由实质和间质两部分组成，如脾、肝、肾等。

3. 系统 系统由若干个功能密切相关的器官联系在一起，完成机体某一方面的生理机能。如肾、输尿管、膀胱、尿道等器官组成泌尿系统，共同完成排泄废物的功能。根据机体的不同功能，将其分为：运动系统、被皮系统、消化系统、呼吸系统、泌尿系统、生殖系统、心血管系统、免疫系统、神经系统和内分泌系统。内脏由消化系统、呼吸系统、泌尿系统和生殖系统组成，4个系统的器官被称为内脏器官，简称脏器。

总之，动物机体是由许多系统、器官构成的一个完整的统一体。各系统之间相互协调、相互制约、相互依存，同时有机体还要和外界环境保持相对的平衡，这些都是在神经调节、体液调节和自身调节下共同完成的。

二、宠物体表主要部位名称

为了便于说明宠物各部位的名称，将其分为头部、躯干部和四肢三大部分，以犬为例（图2-1-1）。

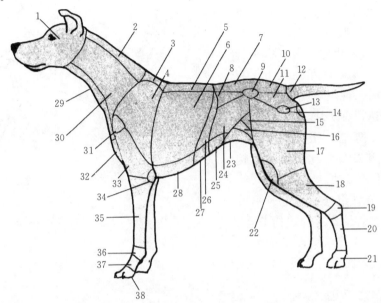

1. 头　2. 背侧颈部　3. 肩胛间部　4. 肩胛部　5. 胸椎部（背肋部）　6. 肋部　7. 腰部　8. 腰傍窝　9. 宽结节部　10. 仙骨部　11. 臀部　12. 尾部　13. 股关节部　14. 坐骨部　15. 侧腹　16. 鼠径部　17. 大腿部　18. 下腿部　19. 足根部（飞节）　20. 中足部　21. 趾　22. 膝盖部　23. 耻骨部　24. 下腹部　25. 脐部　26. 下肋部　27. 剑状突起　28. 胸骨部　29. 内侧颈部　30. 外侧颈部　31. 肩关节部　32. 胸骨前部　33. 上臂部　34. 肘部　35. 前臂部　36. 手根部　37. 中手部　38. 脚趾

图 2-1-1 犬的体表部位图

(一) 头部

1. 颅部　位于颅腔的周围。可分为枕部、顶部、额部、颞部和腮腺部等。

2. 面部　位于口、鼻腔周围。分为眼部、鼻部、眶下部、咬肌部、唇部、颊部、下颌间隙部等。

(二) 躯干部

1. 颈部　又分为颈背侧部、颈侧部和颈腹侧部，以颈椎为基础。

2. 背胸部　分为背部、胸侧部和胸腹侧部，主要以胸椎为基础。

3. 腰腹部　分为腰部和腹部。以腰椎为基础，上方为腰部，两侧和下方为腹部。

4. 荐臀部　分为荐部和臀部。位于腰腹部的后方，上方为荐部，侧面为臀部。

5. 尾部　位于荐部之后，分为尾根、尾体和尾尖。

（三）四肢

1. 前肢 分为肩胛部、臂部、前臂部和前脚部。

2. 后肢 分为股部、小腿部和后脚部。

第二节　宠物的解剖生理特征

一、犬、猫的骨骼、肌肉与被皮

（一）骨骼

犬、猫的全身骨骼分为头骨、躯干骨、前肢骨和后肢骨（图2-2-1、图2-2-2）。与牛相比，犬、猫头骨没有闭合的骨质眼眶，在临床上，有些短头犬种容易出现眼球脱出的问题。犬、猫腰椎发达，有7块，关节灵活。犬和猫的腕骨、掌骨、指骨以及后肢的跗骨、跖骨和趾骨都比牛发达。腕骨有7块，掌骨有5块。犬有5指，第一指由2块指节骨组成，行走时不着地。其余各指均着地，有3块指节骨。远指节骨短，末端有爪突，又称为爪

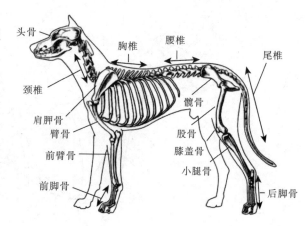

图2-2-1　犬的全身骨骼

骨。跗骨有7块，跖骨有5块，第一跖骨小。犬、猫都有4个趾，第一趾退化。

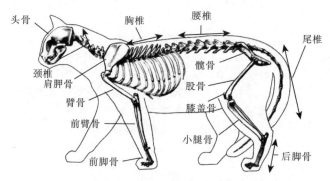

图2-2-2　猫的全身骨骼

（二）肌肉

犬、猫的肌肉在组成上与牛相似。皮肌较发达，覆盖全身大多数部位。颈皮肌发达，分为浅深两层；肩臂皮肌为膜状，缺肌纤维；躯干皮肌十分发达，几乎覆盖整个胸、腹部，并与后肢筋膜相延续。全身肌肉发达，耐久性好（图2-2-3、图2-2-4）。

（三）犬、猫被皮系统的特点

犬汗腺不发达，只在趾球及趾间的皮肤上有汗腺，故犬通过皮肤散热的能力较差。犬和猫的指端和趾端形成角质化的爪，犬的爪略钝，坚硬，能刨挖土壤，猫的爪呈钩状，锋利，

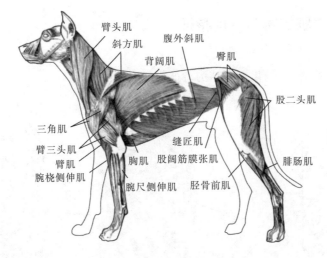

图 2-2-3 犬的全身肌肉

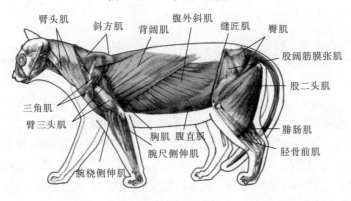

图 2-2-4 猫的全身肌肉

能撕抓猎物。腕、掌、指、趾的腹侧皮肤形成角质化的指枕和腕枕，耐摩擦且有很好的缓冲作用，可减少行动时发声（图 2-2-5）。犬的肛门两侧有肛门腺（图 2-2-6），分泌旺盛，养犬时要经常清理肛门腺的分泌物，否则容易引起炎症或其他病变。

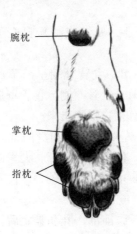

图 2-2-5 犬的枕

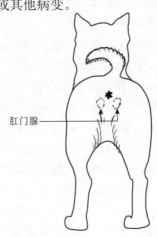

图 2-2-6 犬的肛门腺

21

二、犬、猫内脏的解剖生理特征

（一）消化系统

犬、猫均为肉食动物，消化器官结构特征相似（图2-2-7）。

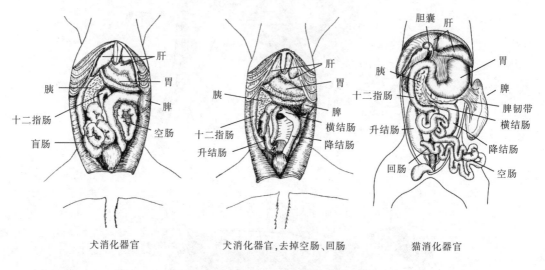

图2-2-7 犬、猫消化器官

1. 口腔 犬口裂大，唇薄而灵活，有触毛，上唇有中央沟或中央裂，下唇常松弛。上唇与鼻端间为鼻镜，鼻镜呈暗褐色、无毛、光滑湿润。颊部松弛，颊黏膜光滑有色素。硬腭前部有切齿乳头，软腭较厚。舌呈长条状，前部薄后部厚，活动灵活，舌背正中沟明显。

犬齿尖而锋利，第四上臼齿、第一下后臼齿特别发达，称为裂齿，撕裂食物的能力较强。犬齿大而尖锐并弯曲成圆锥形，上犬齿与隔齿间的间隙明显，可容受闭嘴时的下犬齿。犬的臼齿数目常有变动。

猫的口腔较窄，上唇中央有一条深沟直至鼻中隔，上、下唇均有一系带与上、下颌相连。上唇两侧有猫特殊的感觉器官——较长的触毛。猫舌薄而灵活，中间有一条纵向浅沟，表面有许多粗糙的丝状乳头，其尖端向后，主要分布在舌中部。乳头非常坚固，似锉刀样，可舔食附着在骨上的肌肉。

犬、猫唾液腺发达，包括腮腺、颌下腺、舌下腺和眶腺。眶（或颧）腺位于翼腭窝前部，开口于最后上臼齿附近。

2. 咽和食管 犬和猫的咽腔狭窄，咽壁黏膜向咽腔凸出。食管管腔呈前窄后宽状，狭窄部为食管峡，该部黏膜隆起，内有黏液腺。颈后段食管偏于气管左侧。食管壁肌层全部为横纹肌。猫食管可反向蠕动，能将囫囵吞下的大块骨头和有害物呕吐出来。

3. 胃 犬属单室胃，容积较大，呈长而弯曲的梨形。左侧胃底部和贲门部较大，呈圆囊形，位于左季肋部；右侧部和幽门部比较细，呈圆管形，位于右季肋部。犬胃的贲门腺区面积较小，呈环带状，围于贲门稍后的内壁；胃底腺区黏膜很厚，面积较大，占胃黏膜面积的2/3；幽门腺区黏膜较薄。大网膜特别发达，从腹面完全覆盖肠管。

猫也是单室胃，呈弯曲的囊状，左端宽，右端窄。位于腹前部、肝和膈之后，大部分偏于左侧。胃以贲门通食管，幽门接十二指肠。幽门处黏膜突入肠腔形成幽门瓣。猫胃胃腺极发达，分泌盐酸和胃蛋白酶，能消化吞食的肉和骨头。

猫的大网膜非常发达，从胃大弯连到十二指肠，脾、胰均连在大网膜上。发达的大网膜如被套一样覆盖在大、小肠上，起固定和保护内脏的作用。因此猫在激烈地跳跃时，内脏能够不晃动。大网膜厚厚的脂肪层，还具有保温作用。

4. 肠　犬和猫的肠管形态结构相似。肠管由总肠系膜悬挂于腰椎和荐椎腹侧。分小肠和大肠，比较短。十二指肠腺位于幽门附近，后段有胆管和胰腺大管的开口。空肠位于腹腔左后下方，形成多个肠袢。回肠短，末端为较小的回盲瓣。盲肠位于右髂部，呈S形，退化明显，盲尖向后。结肠呈U形袢，可分为位于右髂部的升结肠、接近胃幽门部的横结肠及位于左髂部和左腹股沟部的降结肠。直肠壶腹宽大，肛门两侧壁内有肛门腺，分泌物有难闻的异味。

5. 肝和胰　肉食动物肝体积较大，分叶明显。胆囊隐藏在脏面的右外叶和右内叶之间。犬的胰腺小，位于十二指肠、胃和横结肠之间，呈V形，有大小两个胰管，开口于十二指肠。猫的胰腺位于十二指肠弯曲，通过大胰管和副胰管开口于十二指肠。

（二）呼吸系统

1. 鼻　鼻孔呈逗点状，接近鼻中隔处为鼻腔宽广部，狭窄部向后外侧弯曲。鼻腔后部由一横行板分隔成上部的嗅觉部和下部的呼吸部。鼻镜部无腺体，其分泌物来源于鼻腔内的鼻外侧腺。犬嗅觉极灵敏。

2. 咽和喉　犬喉较短，喉口较大，声带大而隆凸。喉侧室较大，喉小囊较广阔，喉肌较发达。喉软骨中甲状软骨短而高，喉结发达，环状软骨极宽广。会厌软骨下部狭窄。猫的喉腔内有前后两对皱褶，前面一对为前庭褶（假声带），猫持续发出低沉的"呼噜呼噜"的声音与此有关；后一对为声褶，与声韧带、声带肌共同构成真正的声带，是猫的发音器官。

3. 气管和支气管　气管由许多个U形的气管软骨环连成圆筒状，末端在心基上方分为左、右支气管经肺门入肺。

4. 肺　犬和猫肺极发达，位于胸腔内纵隔两侧。左右各一，右肺显著大于左肺，肺分7叶。右肺分前叶、中叶、后叶和副叶；左肺分前叶、中叶和后叶，其前叶又分前、后两部。在夏季炎热的天气或运动后，犬借助伸舌流涎、张口呼吸等加快散热。

（三）泌尿系统

1. 肾　犬肾呈较大的豆形。右肾位于前3个腰椎横突的腹侧，左肾系膜松弛，其位置因胃充满程度不同而出现变动。胃空虚时左肾位于第二至第四腰椎横突的腹侧；胃充满时，左肾前端约与右肾后端对齐。犬肾属于光滑单乳头肾，无肾盏。猫肾是表面平滑的单乳头肾，呈豆形，位于第三至第五腰椎横突腹侧，右肾靠前，左肾靠后。猫肾被膜上有许多特有的被膜静脉。雄猫尿向后排出，猫一昼夜排尿量为100～200 mL。

2. 输尿管、膀胱和尿道　右输尿管略长于左输尿管。犬膀胱较大，尿充盈时膀胱顶端可达脐部，空虚时在骨盆腔内。雄性犬尿道细长，雌性犬尿道较短，末端开口于尿生殖前庭前腹侧壁。

（四）生殖系统

1. 公犬、公猫生殖器官特点（图2-2-8）　睾丸和附睾成对，位于阴囊内。睾丸呈卵圆形，体积较小，睾丸纵隔发达。附睾较大，紧附于睾丸背外侧。输精管起始端在附睾外侧下方，先沿附睾体伸至附睾头部，又穿行于精索中，进入腹腔后形成较细的壶腹，末端开口于尿道起始部背侧。精索较长，斜行于阴茎两侧，呈扁圆锥形，精索上端无鞘膜环。

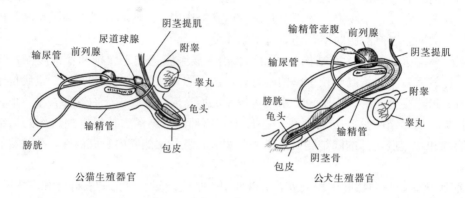

图2-2-8 公犬、公猫的生殖器官

犬无精囊腺和尿道球腺，仅有较发达的前列腺。前列腺位于耻骨前缘，环绕在膀胱颈及尿道起始部，呈黄色坚实的球状。

犬阴茎结构特殊，被阴茎中隔在正中隔开，中隔前方有棒状的阴茎骨，阴茎后方有一对海绵体。阴茎头很长，包在整个阴茎骨的表面，其前端有龟头球和龟头突，两者均为勃起组织。龟头球在交配时迅速勃起，但交配后需很长时间才能萎缩。包皮呈圆筒状，内有淋巴小结。

犬阴囊位于两股间的后部，常有色素并生有细毛，阴囊缝不太明显。

公猫生殖器官组成与犬相同。猫的副性腺只有前列腺和尿道球腺，无精囊腺。猫的阴囊位于肛门的腹面，中间有一条沟，为阴囊中隔的位置。猫的阴茎短小，呈圆柱形，远端有一块阴茎骨，阴茎头有角质小刺。

2. 母犬、母猫生殖器官特点 犬有一对卵巢，位于第三至第四腰椎横突腹侧。一般呈扁平的长卵圆形，体积较小，表面常有突出的卵泡。卵巢在非发情期常隐藏于发达的卵巢囊中。

犬的输卵管比较细小，输卵管伞大部分在卵巢囊内。其腹腔口较大，子宫口很小。

犬的子宫为双角子宫。子宫角细长且无弯曲，子宫体很短，子宫颈较短且与子宫体界限不清。子宫黏膜内有子宫腺，表面有短管状陷窝。

犬的阴道较长，前端稍细，无明显的穹隆。黏膜表面有纵行皱襞。

犬的尿生殖前庭较宽，前腹壁有尿道外口。侧壁黏膜有前庭小腺。

母犬8月龄达性成熟，属季节性一次发情动物，多在春、秋两季发情。性周期180（126～240）d，发情持续时间一般为4～12 d。妊娠期59～65 d。

犬的其他正常生理指标：体温37.5～39.5 ℃，心率80～120 次/min，呼吸次数15～30 次/min。

母猫生殖器官包括卵巢、输卵管、子宫和阴道。子宫属双角子宫，呈Y形。

猫是多产动物，母猫在6～8个月就能达到性成熟。母猫发情时，发出较大而粗的连续叫声。猫一年四季均可发情，但在炎热季节发情少或不发情。猫的性周期一般为14 d，发情期可持续3～7 d。猫属刺激性排卵动物，受到交配刺激后约24 h排卵。猫比较适合的繁殖年龄在 10～18 月龄，母猫妊娠期 60～63 d，哺乳期 60 d 左右。

猫的其他正常生理指标：体温 38.0～39.5 ℃；心率，幼龄猫 130～140 次/min、成年猫 100～120 次/min；呼吸次数 24～42 次/min。

三、犬、猫心血管及神经系统构造特点

（一）心血管构造特点

1. 犬心血管构造特点 心脏位于胸腔内，约 2/3 在身体正中线的左侧，1/3 在正中线的右侧，其前为胸骨，后为食管、大血管和脊椎骨；两旁是肺，因而心脏受到有力的保护。心脏的形状像个长歪的鸭梨，犬心血管构造与家畜基本相似，但其心肌极发达，体积大，占体重的 0.72%～0.96%。

2. 猫心血管构造特点 心脏小，外有心包，动脉把血液送到全身，静脉可分为与动脉伴行的深静脉及皮下静脉。前肢的头静脉、后肢的隐静脉及颈部的颈外静脉，是兽医临床上采血、输液的常用静脉。

（二）神经系统构造特点

1. 犬神经系统构造特点 犬的神经系统比较发达，能较快地建立条件反射。犬嗅觉和听觉特别敏锐，比人灵敏 16 倍；视觉不发达，远视能力有限，但对移动物体极灵敏；味觉比较差。

2. 猫神经系统构造特点 猫脑较发达，两个大脑半球为端脑的主要部分，其脑岛退化。猫的眼大，视觉特别发达，视野很宽（200°以上），夜视能力强。猫听觉发达，能感受 20 000 Hz 以上人类无法听到的超声波。皮肤感受器发达，尤其猫胡须的感觉功能较强，当胡须损伤时，应将其拔除，让其重新长出新胡须。

拓展知识

犬的皮肤与皮肤衍生物

皮肤和皮肤的衍生物构成被皮系统。皮肤衍生物是由皮肤演化而来的特殊器官，包括毛、皮肤腺、爪等。

一、犬的皮肤

皮肤被覆于犬的体表，直接与外界接触，是一道天然屏障。由复层扁平上皮和结缔组织构成，皮下有大量的血管、淋巴管、皮肤腺及丰富的感受器。

皮肤由表皮、真皮和皮下组织构成。

1. 表皮 为皮肤的最表层，由复层扁平上皮构成。表皮的厚薄因部位不同而异，如长期受磨压的部位较厚。表皮结构由内向外依次为生发层、颗粒层、透明层和角质层。

2. 真皮 位于表皮层下面，是皮肤中最主要、最厚的一层，由致密结缔组织构成，坚韧而有弹性。真皮内分布有毛、汗腺、皮脂腺、竖毛肌及丰富的血管、神经和淋巴管。真皮又分为乳头层和网状层，两层相互移行，无明显界限。

3. 皮下组织 又称浅筋膜，位于真皮之下，主要由疏松结缔组织构成。皮肤借皮下组织与深

部的肌肉或骨相连，并使皮肤有一定的活动性。皮下组织中有大量脂肪沉积，脂肪组织具有贮藏能量和缓冲外界压力的作用。有的部位的脂肪变成富有弹力的纤维，形成犬指（趾）的枕。

二、皮肤的衍生物

（一）毛

毛由表皮衍化而来，坚韧而有弹性，是温度的不良导体，具有保温作用。不同犬品种被毛类型不同，对护理手法、护理工具的要求也不尽相同。

1. 毛的形态和分布 犬唇部的触毛在毛根部富有神经末梢，为感觉触毛。犬的被毛可分为粗毛、细毛和绒毛三种。

（1）粗毛。是被毛中较粗而直的毛。粗毛弹性好，与神经触觉小体密接，故在犬体上起着传导感觉和定向的作用。

（2）细毛。毛的直径小，长度介于粗毛和绒毛之间，弹性好，色泽明显。有的细毛具有一定的色节，使毛被呈特殊的颜色。细毛起着防湿和保护绒毛及使绒毛不易黏结的作用，关系到毛被的美观及耐磨性。

（3）绒毛。是毛被中最短、最细、最柔软，数量最多的毛，占毛被总量的95％～98％。分为直形、弯曲形、卷曲形、螺旋形等形态。在毛被中形成一个空气不易流通的保温层，以减少机体的热量散失。但对犬来说，绒毛和细毛在夏天散热困难。毛在犬体上按一定方向排列为毛流。毛的尖端向一点集合的为点状集合性毛流；尖端从一点向周围分散为点状分散性毛流；尖端从两侧集中为一条线的为线状集合性毛流；如线状向两侧分散的为线状分散性毛流；毛干围绕一个中心点呈旋转方式向四周放射状排列的为旋毛。毛流排列形式因犬体部位不同而异，一般地说它与外界气流和雨水在体表流动的方向相适应。

2. 毛的构造 毛由角化的上皮细胞构成，分为毛干和毛根两部分。毛干露于皮肤外，毛根则埋于真皮或皮下组织内。毛根的基部膨大，称为毛球，其细胞分裂能力很强，是毛的生长点。毛球的底缘凹陷，内有真皮伸入，称为毛乳头，富含血管和神经，供应毛球的营养。毛根周围有由表皮组织和结缔组织构成的毛囊，在毛囊的一侧有一条平滑肌束，称为立毛肌，受交感神经支配，收缩时使毛竖立。

3. 换毛 当毛长到一定时期，毛乳头的血管衰退，血流停止，毛球的细胞也停止生长，逐渐角化，而失去活力，毛根即脱离毛囊。当毛囊长出新毛时，又将旧毛推出而脱落，这个过程称为换毛。户外犬一般每年春秋换毛两次；户内犬因长时间不曝露于日光，整年都会脱毛，但以春秋两季脱毛较多。

（二）皮肤腺

皮肤腺包括汗腺、皮脂腺和乳腺等，位于真皮或皮下组织内。

1. 汗腺 汗腺为盘曲的单管腺，由分泌部和导管部构成。分泌部蜷曲成小球状，位于真皮的深部；导管部细长而扭曲，多数开口于毛囊（在皮脂腺开口部的上方），少数开口于皮肤表面的汗孔。犬的汗腺不发达，只在鼻和指（趾）的掌侧有较大的汗腺，所以散热量很少，调节体温的作用不强。

2. 皮脂腺 为分支的泡状腺，位于真皮内，近毛囊处。分为分泌部和导管部：分泌部呈囊状，但几乎没有腺腔；导管部短，管壁由复层扁平上皮构成，开口于毛囊，极少数开口于皮肤表面。皮脂腺分泌皮脂，可润滑皮肤和被毛，以使皮肤和被毛保持柔韧，并防止干燥和水分的渗入。犬皮脂腺发达，其中唇部、肛门部、躯干背侧和胸骨部分泌油脂最多。大多数适应水中工作的犬都有一身油性皮毛，在水中游泳时，能保持皮毛的干燥。

3. 特殊的皮肤腺　是汗腺和皮脂腺变型的腺体。由汗腺衍生的，如鼻镜腺；由皮脂腺衍生的有肛门腺（犬的肛门腺发达，位于肛门两侧）、包皮腺、阴唇腺、睑板腺等。

（三）枕和爪

1. 枕　犬的枕很发达，可分为腕（跗）枕、掌（跖）枕和指（趾）枕，分别位于腕（跗）、掌（跖）和指（趾）部的掌（跖）侧面枕的结构与皮肤相同，分为枕表皮、枕真皮和枕皮下组织。枕表皮角质化，柔韧而有弹性；枕真皮有发达乳头和丰富的血管、神经；枕皮下组织发达，由胶原纤维、弹性纤维和脂肪组织构成。枕主要起缓冲作用。

2. 爪　犬的远指（趾）骨末端附有爪，相当坚硬，具有防御、捕食、挖掘等功能。可分为爪轴、爪冠、爪壁和爪底，均由表皮、真皮和皮下组织构成。

第三节　犬、猫年龄推算

犬和猫的年龄都可以通过牙齿体现出来。

一、犬的年龄推算

（一）犬的牙齿

不同年龄的犬其牙齿的数量、光洁度和磨损程度不同，因此可以通过观察犬的牙齿粗略判断犬的年龄。

一般情况下，犬的乳齿数量分布为：门齿上下各6枚，犬齿上下各2枚，前臼齿上下各6枚，总计28枚。乳齿一般较小，颜色较白，磨损较快。恒齿较大，硬度大，光洁度较乳齿差。

成年犬的恒齿分布为：门齿上下各6枚，犬齿上下各2枚，前臼齿上下各8枚，后臼齿上颌为4枚，下颌为6枚，总计42枚（图2-3-1）。

用公式可表示为：

犬的乳齿式：$\left(\dfrac{313}{313}\right)\times 2=28$

犬的恒齿式：$\left(\dfrac{3142}{3143}\right)\times 2=42$

（二）犬龄和犬齿成长状况对照

通过牙齿粗略判断犬的年龄可以依据以下标准。

20日龄左右：牙齿逐渐参差不齐地长出来。

30～40日龄：乳门齿长齐。

2月龄：乳齿全部长齐，尖细而呈嫩白色。

2～4月龄：更换第一乳门齿。

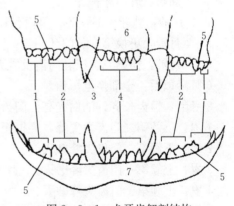

图2-3-1　犬牙齿解剖结构
1. 后臼齿　2. 前臼齿　3. 犬齿　4. 门齿
5. 大臼齿　6. 上颌　7. 下颌

5～6月龄：更换第二、第三乳门齿及全部乳犬齿。

8月龄以上：牙齿全部换上恒齿。

1岁：恒齿长齐，光洁、牢固，门齿上部有尖突。

1.5岁：下颌第一门齿尖峰磨灭。

2.5岁：下颌第二门齿尖峰磨灭。

3.5岁：上颌第一门齿尖峰磨灭。

4.5岁：上颌第二门齿尖峰磨灭。

5岁：下颌第三门齿尖峰轻微磨损，同时下颌第一、第二门齿磨呈矩形。

6岁：下颌第三门齿尖峰磨灭，犬齿呈钝圆形。

7岁：下颌第一门齿磨损至齿根部，磨损面呈纵椭圆形。

8岁：下颌第一门齿磨损向前方倾斜。

10岁：下颌第二门齿、上颌第一门齿磨损面呈纵椭圆形。

16岁：门齿脱落，犬齿不全。

20岁：犬齿脱落。

二、猫的年龄推算

成年猫的牙齿共30枚，幼年猫的牙齿是26枚。猫的牙齿从两边往中间数，上排：臼齿、大臼齿、前臼齿、犬齿、6枚门齿；下排：大臼齿、前臼齿、犬齿、6枚门齿。

猫的牙齿生长和年龄对照情况：

14日龄左右：开始长牙。

2～3周龄：乳门牙长齐。

近2月龄：乳牙全部长齐，呈白色，细而尖。

3～4月龄：更换第一乳门牙。

5～6月龄：换第二、三乳门齿及乳犬牙。

6月龄以后：全部换上恒齿。

8月龄：恒齿长齐，洁白光亮，门齿上部有尖凸。

1岁：下颌第二门齿大尖峰，磨损至小尖峰平齐（尖峰磨灭）。

2岁：下颌第二门齿尖峰磨灭。

3岁：上颌第一门齿尖峰磨灭。

4岁：上颌第二门齿尖峰磨灭。

5岁：下颌第三门齿尖峰稍磨损，下颌第一、二门齿磨损面为矩形。

5.5岁：下颌第三齿尖磨灭，犬齿钝圆。

6.5岁：下颌第一门齿磨损至齿根部，磨损面为纵椭圆形。

7.5岁：下颌第一门齿磨损面向前方倾斜。

8.5岁：下颌第二及上颌第一门齿磨损面呈纵椭圆形。

9～16岁：门齿脱落犬齿不齐。

三、犬、猫与人的年龄对比

犬和猫相对于人的平均寿命要短很多，为了方便掌握犬和猫的年龄特点，我们用图示来对犬（猫）和人的各个年龄段做对比。

（1）犬龄相当于人的各年龄阶段。见表2-3-1。

表2-3-1 犬龄相当于人的各年龄阶段

犬　龄	相当于人的	犬　龄	相当于人的
1月龄	1岁	8岁	50岁
2月龄	3岁	9岁	55岁
3月龄	5岁	10岁	60岁
6月龄	9岁	11岁	63岁
8月龄	11岁	12岁	67岁
9月龄	13岁	13岁	71岁
1岁	18岁	14岁	75岁
1岁半	20岁	15岁	79岁
2岁	23岁	16岁	84岁
3岁	28岁	17岁	88岁
4岁	32岁	18岁	93岁
5岁	36岁	19岁	98岁
6岁	40岁	20岁	103岁
7岁	45岁		

（2）犬、猫的年龄与生长发育阶段。见表2-3-2。

表2-3-2 犬、猫的年龄与生长发育阶段

	幼儿期	青少年	成年期	老年期
猫	6月龄以前	6月龄至1岁	1～7岁	7岁以上
中小型犬	10月龄以前	10月龄至1岁	1～7岁	7岁以上
大型犬	8月龄	8月龄至2岁	2～5岁	5岁以上

第四节　宠物健康与异常状态的识别与处理

一、宠物的健康判定

虽然宠物不能直接说出自己的感受，但是人类可以通过仔细观察，从宠物身体的一些明显的非正常的表现和行为以及一系列的检查，来了解宠物的身体状况，从而判断宠物是否存在健康问题（以下以犬为例）。

（一）皮肤

1. 健康状态

① 健康的皮肤应该是紧致、有弹性，颜色为淡粉色、棕色或黑色。

② 通常宠物毛发颜色是带斑点或双色的，皮肤上也会有斑点。

③ 健康的皮肤上应该看不到皮屑、疥癣、瘤和红肿。

④ 健康的毛发应该是平滑、有光泽的，没有皮屑，不能过度油腻或有秃斑。

2. 检查方法　用手逆着毛发梳理，看是否有跳蚤、蜱虫或其他体表寄生虫。有跳蚤时，犬表现为瘙痒，且皮肤上有小的黑白色小颗粒（为跳蚤的排泄物）。

（二）眼睛

（1）健康状态。眼睛应该是明亮、炯炯有神的，眼睫毛应该干净整洁。

（2）检查方法。将大拇指放在宠物眼睑边缘，轻轻向上或向下拉眼睑，可以检查内眼睑情况，不能有任何红肿或黄色分泌物。对于长毛宠物犬，看护人尤其要注意其眼睛。

（三）耳朵

（1）耳朵外侧覆盖着与躯体上相似的毛发。

（2）耳朵内侧的皮肤呈淡粉色，干净整洁，有少量毛发。

（3）耳朵里可有少量黄色、棕色或黑色的蜡状物质，但如果过多则是不正常的，需要留意。

（4）健康的耳朵无异味，无红肿、瘙痒或痛感，也无脓性或有异味的分泌物。

（四）嘴

1. 健康状态

（1）牙龈应为粉色或有色素沉积（黑色或有斑点）。

（2）牙齿洁白，排列整齐，没有口臭。

（3）年轻宠物的牙齿洁白，随着年龄增长，牙齿颜色会加深。

2. 检查方法　检查宠物嘴巴内侧时，轻轻抓住吻部（眼睛到鼻尖之间的部位）顶部，另一只手托住下颌位置。

（五）鼻

（1）健康鼻通常凉且潮湿。

（2）鼻的分泌物不能是黄色、绿色或有异味。

（3）黑色的鼻最常见，但也有不同的颜色，甚至有带斑点的。

（4）鼻不能出现红肿，红肿很有可能由于受伤、疾病或对阳光敏感造成。

（六）体温

1. 正常体温　宠物的正常体温范围是 $38.3 \sim 39.2\ ℃$。

2. 测量方法　测体温时，使宠物保持站立或侧躺，测量肛温（图2-4-1）。

（七）脉搏

1. 健康状态　健康宠物的心率因宠物体型大小及体质不同而有所不同。通常，处于放松状态时，心率为 $50 \sim 130$ 次/min。幼龄宠物心率会较快，大型宠物或良好身体素质的宠物心率较慢。

2. 检查方法　将指尖或掌心轻微按压在犬的胸腔左侧或肘关节后侧的位置（即犬大腿内侧的动脉）上，就能感受到犬的心跳。注意不要用大拇指，因为人的大拇指脉搏较明显，会影响判断。

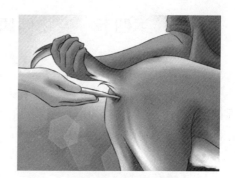

图2-4-1　犬体温测量示意

（八）排便

1. 健康状态

① 健康宠物的尿液是黄色透明的。

② 粪便应该是成形的，颜色普遍呈棕色，多数成年宠物 1 天排便 1～2 次。

③ 排便的颜色和数量还取决于投喂的食物。

④ 如果粪便不成形，有腹泻的迹象，或颜色异常，则是不正常的。

2. 检查方法　每天观察宠物的排便情况，如果出现腹泻、排便困难，或与往常情况有很大改变，就有可能处于患病状态，需要及时送医。

（九）体重

以下两种体重属于不正常的情况：

1. 肥胖症　患肥胖症的宠物通常是因为喂食过量，可以通过改变饮食习惯来改善。但也有可能是内分泌失调等其他身体原因造成的，需要咨询兽医，酌情进行治疗和护理。

2. 体重过轻　体重过轻或拒绝饮食的宠物，有可能是患有体内寄生虫病，或有其他严重的健康问题。这种情况咨询兽医是最好的解决办法。

二、宠物常见疾病和异常

（一）中暑

1. 宠物中暑常见的原因　护理过程中自动烘干机内太热，或者宠物在里面待的时间过长，以及在室内外参加犬赛时天气过热或室温过高，都可能引发宠物中暑。另外，夏天由于主人的疏忽，宠物被独自留在停在太阳底下的车内，或是车窗没有打开足够宽的空隙，都可能造成宠物中暑。

2. 中暑风险较大的犬只

（1）体型因素。体型越大的犬消耗氧气的速度越快，也就越容易中暑。

（2）疾病因素。有心脏病或呼吸困难的犬更容易中暑，因为它们的心肺的气体交换功能有限。

（3）品种因素。相对于其他的犬种，面部较短的犬种，如巴哥犬（图 2-4-2）、拳师犬（图 2-4-3）、北京犬（图 2-4-4）更容易中暑。

图 2-4-2　八哥犬　　　　　图 2-4-3　拳师犬　　　　　图 2-4-4　北京犬

（4）其他因素。性格易激动、易紧张的犬对高温更敏感。过度肥胖的犬更容易中暑，因为脂肪是很好的绝缘体，不易散热。

3. 犬中暑的症状表现　犬中暑后会通过喘气来排汗，尝试降低体温。如果是在车里，急速的喘气还会消耗车内有限的氧气，造成高二氧化碳、低氧气含量的空间，这时犬会因缺

31

氧而出现眩晕的表现。

中暑时犬通常会站立起来，四肢叉开，急速喘气。继而身体开始哆嗦，同时可能伴随抽搐。如果犬的体温达到 42 ℃，就会开始呕吐，然后进入休克状态。

4. 宠物中暑的救治及预防 遇到犬中暑，需要尽快为其降温（图 2 - 4 - 5）。一般步骤如下：

步骤一：立即将宠物放置在阴凉通风处，并给宠物测量体温。

步骤二：体温过高时用冷水浸湿的单子或毛巾包裹住宠物使其体温降低。

步骤三：反复为宠物测量体温，并重复步骤一、二的操作。

步骤四：评估宠物状态，必要时需进行"嘴对鼻"人工呼吸，同时按摩宠物四肢促进血液循环，并尽快送医。

根据犬中暑可能的原因，在对犬及其他宠物的日常护理中需要注意：用自动烘干机为宠物进行烘干时要时刻注意宠物的状况，烘干时间不可过长；犬赛时留意天气状况和室内温度情况，随时观察参赛犬的状态；不要将犬留在暴晒的车中，尤其是老龄犬、幼犬和有心脏问题的犬。此外，犬在奔跑、进食和交配时体温都可能上升，在对犬的护理时要注意区别。

图 2 - 4 - 5 给犬降温

（二）体温异常

1. 体温异常表现 宠物体温异常表现为体温过高和体温低两种症状。

（1）体温过高。

一是体外因素引起，中暑是第一要考虑的因素，尤其当宠物被留在车内或在太阳下暴晒时。

二是体内因素引起，包括以下几个方面：

① 生理性因素。宠物如果表现得兴奋，体温就会升高，并且呼吸加快，嘴巴张开，所有的黏膜（舌、眼睛、鼻等）都会充血。犬排汗几乎都是通过喘气进行的，犬喘气是为了控制体温。这种情况下的体温改变，对宠物正常状态没有影响。

② 病理性因素。即由于疾病引起体温过高，如感染病菌、寄生虫等，这种情况需要观察宠物状态的变化，例如：是否精神不振，是否食欲不振等。中毒、脑充血以及犬瘟热、狂犬病等病毒疾病、哺育期的母犬低血钙病，都会引起体温升高，还会引起痉挛。

（2）体温低。排除经常性或长时间体温低因素，体温低的原因可能是因为冷或感到害怕和紧张。另一个是病理的原因：生病有时会使体温下降。此外，宠物体温低也可能是体温升高的一个预兆。

2. 体温测量 犬和猫的正常体温是 38.5～39 ℃，与人的平均体温相差 1 ℃。宠物的体温主要通过肛门测量：

（1）所需物品。体温计（电子、水银）、手表、润滑剂、纸巾。

（2）测量步骤。

① 首先检查体温计的实际温度，必要时将体温计上的水银柱甩回水银槽。

② 在体温计上涂抹润滑剂，如凡士林等。

③ 需要一名助手帮忙控制宠物站立，提起尾巴，找到肛门的位置，将体温计慢慢插入肛门（图4-2-6）。如果是电子体温计，听到滴答声时便可取出；如果是水银体温计，则需2~3 min取出。

④ 如果使用水银体温计，则取出后用纸巾擦拭干净，再读数；读数时，不要握住水银槽。

（三）骨折、脱臼

宠物在护理美容过程中如果从美容桌等高处掉下去，可能会造成骨折或脱臼。四肢、脚趾、尾巴骨折或脱臼时，可先用纱布等软布包裹，用木板固定，做紧急处理，然后尽快送至宠物医院就医。如果是其他部位或更为复杂的骨折脱臼，则不能自己贸然处理，需要立刻带宠物去宠物医院。

图2-4-6 测宠物体温

预防措施：

（1）美容时最好使用吊杆和吊绳，这样能最大限度地保护在美容桌上的宠物。

（2）尽量不要把存放犬舍放置在太高的地方，以防犬从犬舍中掉出来摔伤。

（四）脑震荡

宠物如不慎从美容台等高处掉下来可能会导致脑震荡。

处理方法：把宠物的头部放低、身体抬高，静置一段时间观察宠物的状况。情况严重时使用心肺复苏方法。

（五）胃扭转

胃扭转经常发生于大型犬，如大丹犬（图2-4-7）、圣伯纳犬（图2-4-8）。发病时胃部肿胀、翻转，挤压其他器官（如脾），还会影响体内血液循环。

图2-4-7 大丹犬　　　　　图2-4-8 圣伯纳犬

（1）胃扭转症状。开始时表现为流涎，腹部变硬且有痛感，有呕吐动作；随病程发展，犬会躺卧，腹部迅速膨胀，呼吸困难。这时如不采取任何措施，犬会很快死亡。

（2）处理方法。立即将患病犬送至兽医处；给犬保暖，让其处于呼吸顺畅的体位。

即使立即采取了措施，患病犬在之后的48 h内依然处于比较关键的时期，因为胃扭转通常会伴随消化系统和心脏方面的并发症。

预防措施：针对高风险的犬种，应提前预防，如日常的食物量分多次喂食，避免在进食前进行运动。另外尽早察觉征兆对于患病犬及时救治也很重要。

（六）跛行

1. 检查确认 确认是哪只腿出现问题，检查脚垫、脚趾是否被割伤或有异物；检查腿部的关节是否肿胀；如果宠物看起来比较痛苦，且问题不像是有异物卡在脚趾之间那么简单，就必须咨询兽医；如果跛行超过 48 h 没有任何好转迹象，需立即就诊。

2. 禁忌 禁止强迫宠物继续行走；禁止在没有就诊、没有任何专业医护人员指导的情况下给宠物上夹板。

（七）宠物挠痒

1. 处理方法 检查体表是否有寄生虫；检查身上是否有伤口；挠痒也可能是伤口反复。如果宠物身上有跳蚤，必须采取驱虫措施，并改善生活环境；如果是其他原因，需要求助兽医的帮助。

2. 禁忌 禁止使用治疗湿疹的药物；禁止洗澡（会导致局部疾病扩散）。

（八）排尿过于频繁

1. 处理方法 估算宠物当天喝水量；观察宠物食欲是否正常，饮食量增多还是减少；体重是否正常；咨询兽医（许多严重疾病由糖尿病引起，而糖尿病会引起多尿症）。

2. 禁忌 忌减少饮水量。

（九）尿液中有血

1. 处理方法 如果是雌性，只要检查是否处于发情期即可；如果尿液的颜色呈浅褐色（焦虫病），检查被毛中是否有壁虱；咨询兽医（深颜色的尿液通常是严重疾病的前兆或表现）。

2. 禁忌 忌给宠物使用抗生素或尿道感染治疗剂。

（十）排尿、排粪不正常

1. 处理方法 详细记录宠物的排尿情况，如频率、尿量、排尿有无知觉等；健康犬的粪便外形为条状，如果出现颗粒状、泥状甚至水样粪便，需立即咨询医生（要严肃对待任何可能与疾病有关的症状）。

2. 禁忌 忌在向兽医询问前便试图采取一些治疗措施。

★**注意问题**

宠物的许多种疾病都需要尽快治疗，不能观察等待，面对生病的宠物，我们要遵循以下事项：

（1）尽快带宠物去兽医处治疗，保护好宠物，同时也要注意保护好自己，因为生病的动物很可能表现异常。

（2）如果宠物保持清醒，应为宠物带上口套，除非有呕吐的症状。但注意不要给神志不清的宠物带口套，只要密切注意宠物行为即可。

三、犬、猫寄生虫性疾病

（一）体内寄生虫病

犬、猫常见体内寄生虫病主要有绦虫病、蛔虫病、心丝虫病、钩虫病等。

1. 绦虫病 绦虫隶属于扁形动物门、绦虫纲、多节绦虫亚纲的圆叶目和假叶目。绦虫分布广泛，生活史复杂，需要 1～2 个中间宿主。成虫和中绦期幼虫（绦虫蚴）能造成犬、猫等动物严重病害，有些虫种还可引起人兽共患寄生虫病。绦虫成虫大多寄生在脊椎动物的消化道内，绦虫蚴寄生在宿主的肝、肺、脑、肌肉、肠系膜、心脏、肾、脾、骨或其他组织内。引起相应的症状表现。

2. 蛔虫病 犬、猫蛔虫病是由弓首科、弓首属的犬弓首蛔虫、猫弓首蛔虫和弓蛔属的狮弓首蛔虫寄生于犬、猫等宠物小肠内而引起的常见寄生虫病，可导致幼龄犬、猫发育不良，生长缓慢，严重感染时可导致死亡。

3. 心丝虫病 本病是由丝虫科的犬心丝虫寄生于犬的右心室及肺动脉（少数见于胸腔、支气管）引起循环障碍、呼吸困难及贫血等症状的一种寄生虫病。除犬外，猫和其他野生肉食动物也可作为终末宿主。犬心丝虫在我国分布甚广，人偶被感染，可引起肺部及皮下结节，患者出现胸痛和咳嗽症状。

4. 钩虫病 本病是由钩口科、钩口属、弯口属的线虫寄生于犬的小肠（尤其是十二指肠）引起犬贫血、胃肠功能紊乱及营养不良的一种寄生虫病。

平时应注意做好预防工作，对犬、猫进行定期驱虫，将驱虫后的粪便及时处理。发现有异常时，应及时送宠物医院进行诊治，同时应做好人的防护。

（二）体外寄生虫病

犬、猫体外寄生虫病主要有螨病、蜱病、虱病和蚤病等。

1. 螨病

（1）疥螨病。疥螨病是由疥螨科、疥螨属和背肛螨属的螨寄生于犬、猫皮肤所引起的疾病，又称为"癞"。由于螨采食时直接刺激，以及分泌有毒物质的刺激，使皮肤出现剧痒和炎症。

幼犬症状严重，病变一般先起始于头部（口、鼻、眼及耳部）和胸部，后遍及全身。病变部位发红，有小丘疹、水疱或脓疱，水疱、脓疱破溃后形成黄色痂皮。患病动物有剧烈痒感，常因摩擦而使患部脱毛严重。

猫背肛螨主要寄生在猫的面部、鼻、耳以及颈部等处。感染严重时，可使皮肤增厚、龟裂，出现棕色痂皮，常引起死亡。

（2）犬蠕形螨病。是由蠕形螨科、蠕形螨属的犬蠕形螨寄生于犬的毛囊或皮脂腺内所引起的皮肤病。犬蠕形螨亦能引起猫发病。

本病多发生于5~6月龄的幼犬。尤其在犬身体瘦弱，缺乏营养或维生素时，发病的可能性会更大。常寄生于面部与耳部，严重时可蔓延到全身。患部脱毛，皮肤增厚、发红并有糠麸样鳞屑，随后皮肤变为淡蓝色或红铜色，如化脓菌感染则产生小脓疱，流出脓汁和淋巴液，干涸后形成痂皮，严重者常因贫血及中毒而死亡。

（3）耳痒螨病。耳痒螨病是由痒螨科、耳痒螨属的犬耳痒螨寄生于犬、猫外耳道所引起的疾病。

耳痒螨寄生于犬、猫的外耳道内，以淋巴液、渗出液为食。有时由于细菌继发感染，病变可深入中耳、内耳及脑膜等。患病宠物表现摇头、搔抓或摩擦患耳，耳道内有一种暗褐色的蜡质和渗出物，有时有鳞状痂皮。用耳镜检查耳道可发现细小的白色或肉色的耳痒螨在暗褐色的渗出物上运动，在放大镜或低倍显微镜下检查渗出物可见犬耳痒螨。如侵害脑膜，病犬出现癫狂症状。

2. 蜱病 蜱分为硬蜱和软蜱，寄生于多种动物的体表。硬蜱、软蜱均是吸血动物，并且吸血量很大，雌虫饱食后体重可增加 50～250 倍。

大量蜱寄生在动物体表可损伤皮肤，使病犬出现痛痒、烦躁不安，经常摩擦、抓挠或舔舐皮肤等表现，引起寄生部位出血、水肿、炎症和角质增生，或继发伤口蛆病。由于蜱大量吸食血液，常引起宠物贫血、消瘦、发育不良等。如大量寄生于犬后肢，可引起后肢麻痹；如寄生在趾间，可引起跛行。蜱的唾液腺能分泌毒素，可使动物发生厌食、体重减轻和代谢障碍。

蜱还能传播病毒性、细菌性传染病和某些原虫病。

3. 虱病 虱病是由毛虱科、毛虱属的毛虱寄生于犬、猫体表所引起的疾病。毛虱以毛和皮屑为食，采食时引起动物皮肤瘙痒和不安，影响采食和休息。因啃咬而损伤皮肤，可引起湿疹、丘疹、水疱和脓疱等，严重时导致犬、猫脱毛，食欲不振，消瘦，幼犬和幼猫发育不良。

4. 蚤病 蚤病是由蚤科、蚤属的蚤类寄生于犬、猫等动物体表所引起的疾病。本病主要症状为皮炎。

由于蚤寄生时刺激皮肤，引起瘙痒，犬、猫不停地蹭痒引起皮肤炎症，出现脱毛、皮肤破溃，被毛上有蚤的黑色排泄物，下背部和脊柱部位有粟粒大小的结痂。

预防体外寄生虫病，要注意保持宠物生活环境的卫生，做好平时的消毒和药物预防工作。

四、犬、猫主要传染病的症状与感染途径

1. 犬主要传染病症状与感染途径 见表 2-4-1。

表 2-4-1 犬类主要传染病的症状与感染途径

疾 病	症 状	感染源	感染途径
犬瘟热	肺炎、肠炎、脑炎	唾液、痰、鼻液、眼分泌物、尿	空气感染、间接感染
传染性肝炎	肝炎	尿、粪便、唾液	经由口鼻感染，间接感染
犬传染性喉气管炎	喉头炎、气管炎	呼吸道分泌物	飞沫感染，间接感染
犬细小病毒感染	出血性肠炎、心肌炎	粪便	经由口鼻感染，间接感染
犬流感	支气管炎、扁桃体炎	呼吸道分泌物	飞沫感染
犬冠状病毒感染	肠炎	粪便	经由口鼻感染，间接感染
犬钩端螺旋体病	肾炎、肝炎、肠炎、肌肉发炎	尿、老鼠	经由口鼻感染，间接感染
狂犬病（人畜共同感染）	脑炎	唾液	咬伤（创伤感染）
新生犬疱疹病毒感染	致死性出血症，全身性感染（粪便稀，呈绿色）	携带病菌的犬、分泌物	经产道、胎盘感染，直接接触感染

2. 猫主要传染病的症状与感染途径 见表 2-4-2。

表 2 - 4 - 2　猫主要传染病的症状和感染途径

疾　病	症　状	感染源	感染方法
猫白血病	淋巴肿胀、贫血、口腔炎症、鼻气管炎	唾液、尿、粪便	经口、鼻传播，经胎盘、乳汁感染
猫免疫不全病毒感染	免疫力低下，引起慢性疾病	唾液	咬伤
猫传染性腹膜炎	持续性发热，腹部胸部积水，多器官损伤	粪便，尿液，口腔、呼吸道分泌物	经口、鼻传播，经胎盘感染
猫泛白细胞减少症（猫瘟）	出血性肠炎	粪便、尿液、唾液、呕吐物	经口、鼻传播，经胎盘感染，间接传染
猫杯状病毒感染	感冒，口腔溃疡	唾液、鼻液、眼分泌物	飞沫感染，接触感染
猫病毒性鼻气管炎	感冒，鼻、眼部分泌物增多	唾液、鼻液、眼分泌物	飞沫感染，接触感染
猫衣原体感染症	长期结膜炎、肺炎	呼吸道分泌物、眼分泌物	经口、鼻传播，空气感染，经胎盘、产道感染

五、需要送医就诊的正确时机

（一）需立即送医就诊的情况

如果宠物出现以下症状，最好当天立即送医就诊：

（1）呼吸困难，呼吸时有怪声，呼吸不顺畅，喘气严重，口腔黏膜或舌出现暗红或苍白等缺氧表现；饮、食正常，但有咳嗽或呼吸困难现象。

（2）不明原因的出血。

（3）排尿或排便困难，有排尿或排便姿势，但无法排出尿或粪便的。

（4）有非常剧烈且持续不断的疼痛表现。

（5）呕吐、腹泻，并伴有血块或异物。

（6）身体摇摇晃晃无法保持平衡，精神沉郁、颤抖、抽搐、昏睡、低头、斜颈、视觉丧失、性格突然大变、想咬任何东西。

（7）有严重地抓、咬、舔、搔、摩擦身体的现象，皮肤因此变红甚至出血。

（8）散发出与平时不同的异味或臭味，但不知来自何处。

（9）怀疑食入或吞入异物时，误食或接触了毒物而中毒。

（10）难产。阵痛（呼吸急促不安）超过 6 h，妊娠动作（便秘状）超过 30 min，或胎头可见，羊水破裂，应立即送医。

（11）烧伤、烫伤或接触到有毒物质；被毒蛇、蜈蚣咬伤；被毒蜂蜇伤。

（12）受伤、跛行、耳朵断裂、指甲断裂等出血性较少的裂伤或出现不明原因的肿块，虽不是非常紧急的情况，但若及早就医，恶化的概率降低，且易痊愈。

（二）先观察再决定是否送医就诊的情况

宠物如果出现以下症状，可先观察 1～2 d，视情况好转与否再决定是否送医就诊：

（1）呕吐或腹泻。一天发生 1～3 次呕吐或腹泻，非持续不断的状况，不痛，且呕吐物或粪便不带血。

（2）身体有轻微或断断续续的痒感，且皮肤无出血伤口或体外寄生虫。

（3）轻微地跛行，但不痛，步态基本正常。

（4）口渴，喝入大量的水并有大量排尿时，可一两天后再决定是否送医。但若伴有痛感、血尿等异常表现及动物有不安宁的现象时，则需及早就医。

（5）食欲不振，厌食，可能一两餐没有进食，但无其他症状。

六、宠物各种药物特点及喂食方法

（一）药水

优点：方便调剂及喂食。一般会添加很多糖浆或是特殊的调剂。

缺点：不耐久放，存放时间一般不超过一周；猫无法接受会口吐白沫。

喂食方法：使宠物嘴巴向上 45°，缓慢多次灌注在口腔内颊而不必张开嘴（图 2-4-9）。

胃管给药对操作者技术要求高，经鼻胃管、食道胃管给药时必须进行麻醉，直肠给药剂量不好掌控。

图 2-4-9　喂食药物

（二）药丸

优点：剂量精准。

缺点：不好调剂，需要宠物合作，喂食者要有一定技巧。

喂食方法：使宠物嘴巴向上 45°，大大张开，拇指和食指由脸颊外侧卡在上下颚之间（不是放进嘴巴里）；用另一手指或投药器探入喉咙深处，越深越好，然后立刻合上嘴巴刺激喉结，看到喉结滚动表示已经咽下，再给宠物喝一点水。操作方法见图 2-4-10。

图 2-4-10　喂药丸操作步骤（1～4 为操作顺序）

（三）药粉

优点：剂量精准，调剂方便。

缺点：味苦，宠物可能也会口吐白沫。

喂食方法：使用包药纸像喂食药水一样的方法，不同之处是药粉倒进嘴里后，保持宠物嘴巴向上 45°的手不能放开，要一直搓揉脸颊至适合喂水，然后将水送至口中，直至药粉完全咽下。

（1）使用包药纸、营养膏。这个方法只对部分猫有效，药粉和营养膏（浓稠糖浆、蜂蜜）混在一起后涂抹在宠物上颚内或是猫忍不住要舔舐的地方。

（2）使用食物辅助。将药粉混合在宠物喜欢吃且味道浓厚的食物中，不要加入食物过多，除非有把握宠物能全部吃光。但也不能太少，否则不足以压过药味。此方法在宠物饥饿时适合。

（四）饮剂

优点：非常方便。

缺点：无法控制剂量，少数口腔保养品才适用。

（五）气雾

气雾吸入药物，需要设备配合使用（图2-4-11），一般使用于上呼吸道疾病的治疗。

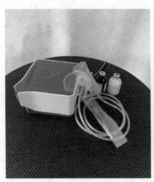

图2-4-11 气雾给药

（六）滴剂

使用方便，滴在宠物后背皮肤即可，一般用在预防或治疗体内外寄生虫。

（七）外用药

一般使用在创伤及皮肤疾病。应防止宠物舔食。

（八）眼、耳用药

需注意使用后因为药物刺激带来不当的搓揉、甩头而造成角膜受伤及耳朵抓伤或耳血肿。

（九）药浴剂

一般用于全身性皮肤病，必须在皮肤表面保留15 min以上再洗涤干净。

★注意事项

1. 所有药浴开始前后，可以为宠物滴保养用的眼药水，以降低冲洗过程中泡沫对眼球的刺激。若不慎入眼，应立即以清水或生理盐水冲洗。

2. 冲洗过程中应避免清水或洗毛精流进宠物耳朵。

3. 尽量避免药液被宠物舔食。

4. 务必将洗毛精冲洗干净，残留的洗毛精可能引发皮肤刺激。

（十）喷剂

使用方便，一般使用在外伤、皮肤病、驱杀体外寄生虫、止痒、宠物常见的老化症状（如白内障、毛发稀疏变白、皮肤缺乏弹性、牙齿变黄或脱落、关节退化等）。

七、老龄宠物疾病预防

老龄动物健康检查的频率：美国动物医院协会（AAHA）老年动物照护准则建议对宠物每 6 个月实施一次健康检查。相当于人类每 2～3 年检查一次。

老龄宠物一般需要检查的项目：①病史；②体重评分（BCS）和肌肉状况评分（MCS）；③消化道；④肝、肾；⑤免疫器官；⑥骨髓造血功能；⑦实验室检查；⑧筛检老年动物潜在异常等。

另外，老龄宠物患心脏类疾病的概率增高，二尖瓣关闭不全症为犬循环器官主要疾病。当运动时心脏的负荷增大，症状就会出现，主要表现为：经常咳嗽，呼吸不顺畅。随着病情的加剧，还可能引起肺水肿，导致呼吸困难。二尖瓣关闭不全症只能通过药物来缓解症状。

第三章 *CHAPTER 3*

宠物的饲养与繁殖

第一节 宠物营养基础知识

一、宠物生命所需营养物质

（一）维生素

1. 维生素的概念和分类　维生素是维持动物正常生理功能所必需的低分子有机化合物。它既不是动物体能量的来源，也不是构成动物体组织器官的物质，但它是动物体新陈代谢的必需参与者。它作为生物活性物质，在代谢中起调节和控制作用。维生素的作用是特定的，不能被其他养分所替代，而且每种维生素又有各自特殊的作用，相互间也不能替代，一旦缺乏，就会表现出特异性缺乏症。维生素一般存在于天然食物或饲料中，含量很少。易受光、热、酸、碱、氧化剂等的破坏。动物体内的含量极少，除个别维生素在动物体内可自行合成外，大多数都必须从饲料中摄取。动物体组织或产品中维生素的含量，在一定程度上随着饲料中含量的增加而增加。

通常根据维生素的溶解特性，将其分为脂溶性维生素和水溶性维生素两大类。脂溶性维生素包括维生素 A、维生素 D、维生素 E、维生素 K 等 4 种。水溶性维生素包括 B 族维生素和维生素 C。

2. 各种维生素的作用

（1）维生素 A。维生素 A 与视觉色素的生成、视网膜细胞的功能维持、上皮细胞的增殖等相关。维生素 A 缺乏会表现为夜盲症、角膜干燥症、精子形成障碍、骨骼或牙齿发育不全、上皮细胞角质化等。

另一方面，过度摄取维生素 A 会导致妊娠中胎死腹中或畸形；尤其是猫，有可能会发生变形性颈部脊椎症候群。

黄油、牛奶、鸡蛋黄、肝油中含有大量维生素 A。

（2）维生素 D。维生素 D 与骨骼、牙齿生长有着密切关系，是生物体在成长期、骨骼形成期不可欠缺的。维生素 D 可以促进小肠内钙、磷的消化吸收，起到将钙和磷提高到骨化浓度的作用。缺乏维生素 D 会发生骨软化症（软骨病）。

生物体内经紫外线照射可以合成维生素 D，食物中过度添加维生素 D 会引起肠内或肝出现氧化钙沉淀等，反而有害。特别是在成长期，长期、过度摄取维生素 D 会导致骨骼异常，牙齿、下颚发育不良等。

（3）维生素 E。维生素 E 具有抑制氧化的作用，因为可以防止食物中的不饱和脂肪酸的腐败（过氧化脂质）而为人所知。另外，还可以提高体内维生素 A 的活性，防止消化管内或细胞中的维生素 A 被破坏。

若维生素 E 缺乏，雄性会发生精巢发育不良或精子活力低下，雌性则出现卵巢发育不全等妊娠障碍、骨骼肌无力化（肌肉营养不良），以及末梢血液循环不良。

（4）维生素 K。维生素 K 与凝血机制息息相关，可促进血液凝固中必要凝血因子的生成。此外，维生素 K 能够促进骨折的修复治疗。如果缺乏维生素 K，则会导致血液凝固不良。

当有肠内细菌存在时，肉类和乳制品可以合成维生素 K 和维生素 C。对患有肠道疾病的宠物或新生宠物（处于无细菌状态）来说，补充维生素 K 是非常有必要的。

（5）维生素 B_1。维生素 B_1 是糖类的代谢中不可或缺的一种维生素，也是烹饪时容易被分解的一种维生素，如果欠缺会出现食欲不振、神经障碍等。

（6）维生素 B_2。维生素 B_2 对细胞增殖来说是不可欠缺的，它关系着蛋白质的代谢，可以维持酶系统。对维持皮肤的健康也是必不可少的，如缺乏会引起眼部疾病和皮肤异常等。

（7）泛酸。在糖类、脂肪、氨基酸代谢中，泛酸对酶反应来说必不可少。泛酸也关系着宠物被毛的维持与成长，缺乏时会导致食欲不佳、生长不良。

（8）牛磺酸。猫的体内没有可以合成牛磺酸的酶，因此牛磺酸对猫来说是必需营养物质。除了起到消化作用，牛磺酸也发挥着神经递质的作用。

牛磺酸是一种含有氨基的酸，故曾被归类为氨基酸。但牛磺酸没有羧基，因此并不是氨基酸。

（二）矿物质

1. 概念和特性 矿物质又称无机盐，和维生素一样是生物体必需的营养物质。

矿物质无法由自身产生或合成，需每天从外界摄取，摄取量随年龄、性别、身体状况、环境等不同有所不同。矿物质本身不会产生能量，但是，矿物质在体内有几种存在形式：作为离子存在于体液中，调节 pH 和体液的渗透压等，参与肌肉和神经活动；矿物质是骨骼和牙齿等的主要成分；矿物质与动物体内的能量交换及其他物质的代谢密切相关。

矿物质虽是一种微量营养物质，但却拥有着非常重要的功能和作用，种类也很丰富。不过，当生物体内过度摄取某一种矿物质时，也会妨碍其他矿物质的作用。因而，矿物质的摄取不宜过量。

2. 各种矿物质的作用

（1）钙和磷（Ca、P）。钙和磷是骨骼和牙齿的主要构成要素，占据着动物体矿物质的很大一部分。犬体内的 99％的钙总量、87％的磷总量都包含在骨骼里。犬的饲料中，钙和磷的最优比例是 1：0.8，喂食时需要维持好这个平衡。当钙比磷少时，会引起软骨症等骨骼异常；钙过剩时，又会妨碍铜、锌、磷、铁的吸收。钙不仅与骨骼形成有关，还与血液的凝固、心肌的收缩作用密切相关。维生素 D 与钙和磷的结合有着紧密关联。当适量摄取维生素 D 时，即使钙和磷的平衡状态不理想，也不会发生异常。

对于成长期的幼犬而言，所需钙和磷的量极大，因而仅喂养肉类食物不能满足幼犬对矿物质的需要。家畜骨头是合适的钙和磷来源。

（2）钾（K）。钾以高浓度存在于生物体细胞内，参与细胞内糖和蛋白质的代谢，保持体液平衡。钾摄入不足会引起生长迟缓、心脏和肾疾病等。

（3）镁（Mg）。镁存在于骨组织和软组织中。合适的镁、钙比例对于维持神经系统正常功能非常重要。镁缺乏会导致肌肉力量减弱。

（4）钠和氯（Na、Cl）。钠和氯是动物维持生命不可欠缺的必要矿物质，通常通过食盐（氯化钠）的形式进行摄取。食物中食盐的适宜含量为1.5%。

钠存在于细胞外液中，钠和氯都属于主要的电解质。在体内与水分调节、渗透压的维持、肌肉的收缩作用紧密相关。

（5）锰（Mn）。锰可以将体内的酶系统活性化。缺锰会导致睾丸或卵巢等发育异常以及类脂质代谢障碍。

（6）铁（Fe）。氧气运输时，铁作为血红蛋白的构成成分是非常重要的。铁是酶的构成物质，对细胞内能量的产生也是必需的。体内2/3的铁都是作为血红蛋白成分包含在血液中的。缺铁会引起贫血。饵料中，猪的肝脏和心脏、骨髓、马肉等含有较多铁元素。

（7）铜（Cu）。铜是与黑色素形成相关的酶的构成成分。因与铁的吸收密切相关，故缺铜会导致血红蛋白合成异常。通过给予适量优质的动物性蛋白可以满足铁、铜、钴的必要量。

（8）锌（Zn）。锌有利于提升蛋白质分解酶的活性。另外，普遍认为皮肤、被毛的状态与锌之间有密切关联。缺锌会导致成长障碍、食欲不振、脱毛等。

（9）碘（I）。碘是甲状腺激素合成中的必需矿物质元素。缺碘会导致骨骼畸形、换乳牙延迟等。

3. 矿物质作用与来源一览表 见表3-1-1。

表3-1-1 矿物质作用与来源

名 称	作 用	缺乏症	含量较多的食物
钙	骨骼和牙齿的主要成分	软骨病、骨质疏松	小鱼、牛奶
磷	和酶系统相关	骨骼生长不全	脱脂奶粉
钾	血液、细胞的成分	成长迟缓	蔬菜、草类
镁	骨骼和牙齿的形成	体虚乏力	谷类
钠	体液调节	发育不良、脱毛	食盐
氯	调节渗透压	皮肤干燥	食盐
锰	骨骼生长	骨骼生长不全	大豆、胚芽
铁	构成血红蛋白	贫血	鱼、豆类
铜	骨骼发育	贫血、发育不良	黄绿色蔬菜
锌	胰岛素活性	皮肤炎、结膜炎	骨粉、酵母
碘	甲状腺激素合成	阻碍繁殖、成长	海藻、蔬菜
钴	维生素的构成	贫血	小鱼
硒	细胞膜的保护	骨骼肌的变性	草类

（三）水

1. 水的概念与特性 水是动物所必需的一种特殊营养物质。它是动物体的重要组成成分，成年动物体的1/2～2/3由水组成，初生动物体成分中水分含量高达80%。

（续）

比起饵料的不足，通常水分的不足对犬的健康状态有更大影响。即使在完全没有食物的状态下，犬也可以继续生存好几周，但如果体内丧失 10%～15% 水分，犬就会死亡。

水作为溶剂，在体内起着搬运各种营养物质和促进体内细胞新陈代谢的作用。体温调节也是通过血液循环或皮肤水分的蒸发来进行的。同时，水对消化（水解）而言也是必需的，在以尿液或粪便的形式将体内的代谢物排出时，水是不可缺少的。

水分的摄取与流失要保持平衡，若水分流失严重，机体会进入脱水状态。当无法通过喂水对脱水状态的动物进行水分补给时，需要采取补液等措施。

2. 水分的摄取 水分进入动物体内的路径，分为经过口摄取的水分和营养物质代谢时生成的水分，见图 3-1-1。

图 3-1-1 水分的摄取途径

通过饮水摄取的水分的量由动物自身进行调节。动物的饮水需求量受饵料的含水量、环境条件、动物的生理学状态等影响极大。口腔或喉咙干燥、动物快到脱水状态、细胞外液的渗透压增高时，动物的饮水欲就会提高。如干燥型犬粮或猫粮中的含水量约为 6%，罐装型饵料约为 80%，新鲜肉类约为 70%。这些饵料中含有的水分不足时，动物会通过饮水来调节水分。

动物体内营养物质氧化生成的水称为代谢水，是非常重要的不经口摄取的水分补给路径。满足犬或猫的水分需求量的最好的方法是有新鲜的水能够供给它们随时饮用。猫的水分需求量比犬要少。通常认为这是因为家猫的祖先生活在沙漠中的缘故。猫的尿浓缩能力远远强于犬，这样就能抑制水分丧失，喝少量水即可维持生命，但这也与猫的泌尿系统容易出现疾病有着密切关联。

3. 水分的丧失 动物体内丧失水分的路径是尿液、粪便和不感蒸发，特殊情况下如呕吐、出血、泌乳等也会导致水分丧失，见图 3-1-2。

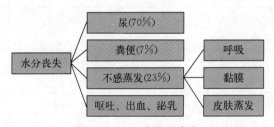

图 3-1-2 水分的丧失

（1）尿液。排尿占水分排出量的 70%。泌尿系统对于体内代谢物的排出、电解质平衡的维持、水分调节等起着很大作用，即使是重度脱水的情况下，也无法避免尿液排出导致的水分丧失。

（2）粪便。动物的肠道可以吸收水分，食物中的水分和消化液中的水分基本都被回收，粪便中的水分极少，通常是 7％。该路径在大量失水的状态下（腹泻），会引起急剧脱水，使体液失去平衡。

（3）不感蒸发。伴随着动物的呼吸，因蒸发导致的呼吸道黏膜水分损失是无法避免的。高温下的皮肤蒸发是体温调节的重要机制。

二、宠物所需的能量

（一）宠物所需能量值

动物和人类一样，为了维持生命，需要补充必要的能量。动物在适宜的温度和环境条件下，为了维持自身的体重、保持正常的生活状态所必要的能量值称为维持所需能量值。

而实际的能量需求量会根据个体的年龄、环境、健康状态、活动量、甚至性格等因素不同而有所差异。"维持所需能量值"是基于体重计算得出来的，1 kg 体重对应的所需能量如表 3-1-2 所示。表格中的数值是基于每日必需的能量值统计出来的结果。

表 3-1-2　维持所需能量值

体重/kg	每 1 kg 所需要的能量/kcal*	每天所需要的能量/kcal
1	141	141
2	117	234
3	105	315
4	97	388
5	90	450
6	86	516
7	84	588
8	82	656
9	77	693
10	75	750
20	62	1 240
30	55	1 650
40	51	2 040
50	49	2 450

（二）宠物摄取能量的原则和标准

进食要达到的首要目的是满足生物每日所需的能量。为了保持生物体内的能量平衡，必须维持能量摄取与能量消耗之间的平衡关系。能量摄取过多，体内就会堆积脂肪，造成肥胖；能量摄取不足，机体就会开始消耗自身能量储备以满足代谢所需，长期发展下去就会造成生物所需能量不足，体重减轻。

---

* cal 为非法定计量单位，1 cal＝4.184 J。

能量平衡就是能量摄取的调节和控制。对于宠物来说，它们不可能一直保持安静的状态。根据动物生活状态的变化，所需的能量也会发生变动（表3-1-3）。

表3-1-3 宠物能量增减（根据生活状态）

生活状态	所需能量的变化倍率
做轻松的工作	1.1～1.5
做较重的工作	2.0～4.0
基本不活动	0.8
妊娠（前6周）	1.0
妊娠（后3周）	1.1～1.3
哺乳期	1＋0.25×幼崽只数
成长期（3月龄以内）	2.0
成长期（3～12月龄）	2.0～1.2
生活在极其寒冷的地区	1.6～1.75
生活在热带气候地区	1.0～2.5

计算方式举例：

（1）1只体重10 kg的生长期（10月龄）犬，每天必需的能量是750 kcal×（1.2～2.0）＝900～1 500 kcal。

（2）体重20 kg的哺乳期犬（哺乳幼犬6只），每天所需的能量是1 240 kcal×[1＋（0.25×6）] ＝ 3 100 kcal。

★【注意】

糖类、脂肪、蛋白质是生物体内所需能量的来源。但是，生物体内摄取的营养并不是全部变成能量，有一部分能量会通过粪便的形式排出体外。生物消化吸收的能量与生物体内摄取的总能量的比例就是消化率。用公式来表示就是：

消化率＝消化吸收的能量/总能量

可消化的能量＝总能量－随粪便排出的能量

吸收的能量有一部分被机体组织利用，残存的部分会随着尿液排出。最终被身体组织利用的能量称为代谢能量。用公式表示为：

代谢能量＝可消化的能量－随尿排出的能量

第二节 宠物的饲养

一、犬的饲养

（一）饲喂方式

1. 定时喂食 根据宠物的年龄决定每天喂食的量和次数是常用的方法。

喂食原则：成年犬每天1～2次，每天都要用相同量的容器在指定时间喂食；没有吃完的犬粮要收起来，不要让宠物随时去吃；体重增加时适量减少喂食量，体重减少时适量增加喂食量；保证让宠物饮用新鲜的水。

2. 自由采食 宠物可以随时采食，常备新鲜的水给宠物饮用。让宠物自由采食是幼犬繁殖者和多只犬饲养者认可的方法。

自由采食的益处：不仅可以在一定程度上保证应有需求量，犬也不会因为等待被喂食而过于躁动；犬不会在等待喂食时乱捡东西吃；多只犬饲养在一起时不会漏喂其中某一只。

生长期的幼犬可以采用定期喂食和自由进食相结合的方法来进行管理。

(二) 更换食品

长期持续地使用定期喂食法并一直吃同一种食品的宠物，它们的消化机能会逐渐适应这种食品。一般情况下，宠物会喜欢它们自幼年期就一直吃的食物，当把多种食品混合喂食时，也会挑自己习惯吃的食物来吃。

因此，需要变更宠物的食品种类或进食方法时，不要突然进行，否则会造成宠物腹泻或食欲减退。要有一个循序渐进的过程，用10d左右完成过渡，如每天在原有食物中加入10％的新食物，并逐渐增量来替换掉旧的饲料。

(三) 患病时喂食

宠物在患病时，喂食是重要的辅助治疗方法。针对不同的疾病，有不同的喂食原则：

一般的宠物食品是营养均衡的配比，但是在宠物患病期间，要根据具体病症增加或减少某种营养成分，以此来控制病情，起到辅助治疗的作用。也有一些专用的处方食品需要根据兽医的指导来进行喂食，处方食品使用不当会对营养平衡造成破坏。以下是几种常见病症的喂食原则：

(1) 肾病：低蛋白质。

(2) 心脏疾病：少盐。

(3) 肥胖：低能量。

(4) 消化系统疾病：高消化率专用粮。

(四) 喂食犬时需要注意的问题

犬的饲养一般以肉食为主，但是在喂食过程中有很多的饮食禁忌需要注意，见表3-2-1。

表3-2-1 犬的饮食禁忌

分类	犬的禁忌饮食	对犬的危害
水果	葡萄、葡萄干	葡萄和葡萄干可以导致犬肾衰竭
	坚果	澳洲坚果可导致虚脱、肌肉痉挛以及瘫痪。其他坚果也应尽量避免喂犬，坚果里磷含量很高，有可能导致肾结石
	牛油果	牛油果果肉、果核和果树都是有毒的，会导致犬呼吸困难以及胸腔、腹腔积水
	苹果、樱桃、梨或类似水果的籽和果核	苹果、樱桃、梨或类似水果的籽和果核含有氧化物，对人和犬都有毒
	其他水果	水果饲喂过多会造成犬软便或腹泻，甚至年龄大时出现肾功能异常和肾结石

（续）

分类	犬的禁忌饮食	对犬的危害
蔬菜	洋葱和大葱	洋葱和大葱含有二硫化物，对人无害，却会造成犬红细胞氧化，可能引发溶血性贫血和血尿。即使通过加热，也不能破坏其中的有害物质，所以不要给犬喂食加了洋葱和大葱的食物
	番茄	番茄可能会导致犬痉挛和心律失常。该结论有待论证
	生鸡蛋	生鸡蛋蛋白里含有一种抗维生素 H 的蛋白质物质，它会阻碍犬机体对维生素 H 的吸收，引起维生素 H 的缺乏症，导致犬腹泻、口腔溃疡和皮肤病。此外，生鸡蛋可引起沙门氏菌中毒
	蘑菇	市售的食用香菇、蘑菇等对犬是无害的。但还是避免让犬食用，以免养成吃蘑菇的习惯，在野外误食有毒菇类
调味品	盐	过量的盐可导致肾问题
	甜食	甜食会影响钙的吸收，间接造成缺钙，应减少摄入量
	肉豆蔻	肉豆蔻可导致痉挛、心脏病发作甚至死亡
肉食	动物脂肪、油炸食品、剩菜汤	过量的脂肪会导致胰腺炎
	能穿破肠胃的尖锐骨	会碎裂的骨头（如鸡骨）可能会刺入犬的喉咙；或割伤犬的嘴、食道、胃或肠。如要啃骨头，应用压力锅煮烂，骨髓是极佳的钙、磷、铜来源，啃大骨有助于清除牙垢
	生或熟的肝	少量的肝对犬有益，但过量却可能引起问题。因为肝含有大量维生素 A，会引起维生素 A 中毒，一周 3 个左右鸡肝（或对应量的其他动物肝），就会引发骨骼问题
	生肉、家禽肉	犬的免疫系统无法适应人工饲养的家禽及肉类。最常见的沙门氏菌及芽孢杆菌对犬非常危险，并且常喂生肉会引起犬的原始本能，进而促长其攻击性
	猪肉	猪肉内的脂肪球比其他肉类大，可能阻塞犬的微血管。应避免猪肉制品，尤其是含硝酸钠的培根
其他	巧克力（白巧克力除外）	巧克力可导致犬心脏病发作、昏迷或死亡。巧克力中可可碱的嘌呤含量非常高，它们会损害犬的肾，而犬对嘌呤的降解能力比人低很多。巧克力还含有咖啡因，对犬的健康也非常有害。巧克力越纯，犬越小，中毒的几率就越大。巧克力中含有的可可碱是造成犬中毒的主要因素，市场上常见的巧克力每千克含有 115 mg 可可碱，这足以导致犬死亡，而一般纯巧克力 100 g 含有大约 2 800 mg可可碱。巧克力中毒的症状是呕吐、腹泻、尿频、不安、过度活跃、心跳和呼吸加速等，严重的还会导致犬痉挛，甚至死亡
	咖啡豆、茶和袋茶	含咖啡因的饮料、食品和巧克力一样对犬致命
	牛奶	很多犬有乳糖不适症，如果喝了牛奶后出现排气、腹泻、脱水或皮肤发炎等，应停止喝牛奶。有乳糖不适症的犬应食用不含乳糖成分的牛奶，幼犬可以喂食羊奶或羊奶糕
	猫粮	猫粮中含有过多的牛磺酸、蛋白质等利于猫成长的营养物质，犬吃多了会失眠、肥胖以及患心脏病
	刺激嗅觉的食物	对嗅觉有高刺激性的食物或用品不要让犬闻，对犬的嗅觉有很大的伤害

二、猫的饲养

（一）幼猫的饲养

1. 喂食习惯 幼猫的喂食要注意少食多餐，并要定时、定量、定点。每天在固定的时间喂食，容易养成幼猫良好的饮食习惯。随着猫年龄的增加，在某一段时间里（一般是在三、四月龄时）小猫的食量逐渐增加，到8月龄以上基本保持稳定。

2. 喂食次数 一般3月龄以内的猫每日喂食4次，如9:00、12:00、18:00、20:00各一次；幼猫3～6月龄时，每日喂3次；6月龄以后每日两次。

3. 奶粉喂食 母猫的奶水不够或无奶时，可使用专门的宠物奶粉；长大一点时可在奶粉中加入米粉。因为小猫对牛奶的消化较差，直接食用牛奶可能引起腹泻。

（二）成年猫的饲养

1. 营养方面 猫在12月龄以后就进入成年猫阶段，成年猫的身体和消化系统已基本发育成熟，能较好地消化和吸收营养物质。成年猫需要全价而均衡的营养，以维持猫的最佳健康状态，同时防止衰老。

2. 健康问题 当猫达到7岁以上时，就开始出现许多健康问题，如肾和眼睛的问题。要解决这些问题，需要在喂给低脂肪、低能量的食物以维持正常体重的同时，保证食物中纤维素的含量，保证肠胃的健康，减少食物中镁和磷的含量维持泌尿系统和肾的健康。另外，应尽量给予易消化的食物。

3. 食物调整 定时称量猫的体重，以保证猫的体重在正常范围之内，并根据兽医和营养师的建议进行喂养。同时定时评估猫的身体状况，并根据身体状况来调整猫的喂食量。

（三）猫饲养注意事项

1. 食盘 猫的食盘要固定使用，不能随便更换。猫对食盘的变换很敏感，甚至会因换了食盘而拒食。要保持食盘的清洁。食盘底下可垫上报纸或塑料纸等，防止食盘滑动时发出声响，而且也易于清扫。每次猫吃剩的食物要倒掉或收起来，待下次喂食时和新鲜食物混合煮熟后喂给。

2. 喂食要定时定点 猫"开饭"的生物钟一旦形成就会比较固定，不要随意变更。放猫食的地点也要固定。

猫不喜欢在嘈杂和强光照射的地方进食；如有客人来访，尽量避免猫吃食时暴露在客人的视线中，陌生人的出现，会大大降低猫的食欲。

3. 不良习惯 猫有用爪钩取食物或把食物叼到食盘外边吃的不良习惯。一旦发现这种现象，要立即调教，使其改正。

4. 猫喜食温热的食物 冷食不但影响猫的食欲，还易引起消化功能紊乱。一般情况下，食物的温度以30～40℃为宜，从冰箱内取出的食物要加热后再喂。

第三节　宠物繁殖基础知识

宠物的繁殖与牛、猪等家畜相比，有其特殊性。

家畜的繁殖是以保证产业性（肉用、乳用等）为最优先的目的的，而犬和猫却是作为家庭中的一员，以陪伴主人的功能为优先目的。与改良、增殖相关的需求和社会性的要求在过去并没有被过多关注，这也是犬、猫繁殖研究较少的原因之一。

宠物的繁殖目的，更多是为了将令人喜欢的形态或性能等个体的遗传特点保留并传给后代，并有计划地进行品种改良工作。一般来说，繁殖者的目标是繁殖出可以被人类终身爱护的宠物。但是随着如今人们饲养宠物的动机变得更为多样化，繁殖的目的也出现多样化的趋势。

一、犬的繁殖

（一）母犬的性周期

在繁殖学上，根据犬的不同性生理变化，把犬的性周期分为 4 个阶段，即发情前期、发情期、发情后期和乏情期。

1. 发情前期　从母犬阴户滴出带有鲜血的黏液开始到接受公犬爬跨为 8 d 左右 [(8.2±2.5)d]。

在这个时期，卵巢中上一个发情周期所产生的黄体逐渐萎缩，新的卵细胞开始生长；子宫腺体略有生长，生殖道轻微充血肿胀，腺体逐渐增加。其外部表现阴户逐渐充血肿大，排尿次数增加而量少，尿液吸引公犬嗅闻。从性情上，母犬显得兴奋不安，喜欢接近公犬并与其戏耍，但无性欲表现（不接受公犬爬跨）。阴道涂片检查时，主要为有核上皮细胞和多量红细胞和少量中性粒细胞。

2. 发情期　从接受公犬爬跨开始到不接受爬跨为止，即从阴户滴血开始后的 8～18 d。

此时母犬的外阴呈现充血肿胀状态，随着时间的推移，充血肿胀程度逐渐加强，到发情盛期达到最高峰；子宫角和子宫体呈充血状态，肌层收缩加强，腺体分泌活动增加；子宫颈管道松弛；卵巢的卵泡发育很快，多数在发情中期排卵。

从外部表现看，早期阴户肿大，末期有所消退，滴出的带血黏液减少，颜色由鲜红变为淡红，母犬排出的气味显著，诱惑公犬追逐和爬跨，当公犬舔其阴户或爬跨时，其四肢站立不动，尾翘起并偏向一侧，阴户屡屡上提，出现性欲需求，交配易成功。阴道涂片检查时，主要为角质化上皮细胞，缺乏中性粒细胞，红细胞早期较多，末期减少。

3. 发情后期　发情期过后，即进入发情后期，持续 10 d 左右，母犬由发情的性欲激动状态逐渐转入安静状态。

这时母犬子宫颈管道逐渐收缩，腺体分泌活动渐减，黏液分泌量少而黏稠；子宫内膜逐渐增厚，表层上皮较高，子宫腺体逐渐发育，卵泡破裂，排卵后开始形成黄体。其外部表现为，阴户滴出带血黏液进一步减少，颜色由淡红变成暗红或无色，肿大消退，多数犬不接受爬跨。阴道涂片检查时，重新出现有核上皮细胞和中性粒细胞，缺乏红细胞和角质化细胞。

4. 乏情期　指发情后期之后到下次发情前期，为 6 个月左右 [(7.0±1.5) 月] 时间。

此时母犬的性欲完全停止，其精神状态完全恢复正常。在早期，子宫内膜增厚，表层上皮呈高柱状，子宫腺体高度发育，增大弯曲，腺体分泌活动旺盛；在后期，增厚的子宫内膜回缩，呈矮柱状，腺体变小，分泌活动停止；卵巢的黄体已发育完全，因此这个时期为黄体活动时期。其外部表现为阴户干瘪，无带血黏液滴出，不愿接近公犬，不允许公犬爬跨，公犬对其尿液和身体气味不感兴趣。阴道涂片检查时，主要为有核上皮细胞和少量中性粒细胞，缺乏红细胞。

（二）影响母犬性周期的因素

1. 季节　犬有季节性繁殖的特点。一般情况下，母犬一年发情两次，每次间隔约 6 个月。单养犬多数在春秋两季发情（3—5 月、9—11 月）；群养犬（如比格犬）四季各阶段都有发情，季节性不明显。另外，据报道，在南美的野生犬和北极圈饲养的犬，也有的一年发情一次，且季节性不明显。

2. 年龄　由于年龄增加，老龄犬身体代谢机能下降，发情周期出现紊乱，往往使乏情期延长，而发情前期和发情期缩短。

一般小型犬的初情期来得早一些，如比格犬初情期为 6～7 月龄；大型犬初情期则稍晚一些，如德国牧羊犬初情期在 8～10 月龄。初情的犬发情前期和发情期都较长。另外，初情期也受营养和环境温度的影响，营养水平高的较营养水平低的早，热带的较寒带或温带的早。

3. 营养　营养缺乏或过剩（肥胖），也会延长乏情期或导致异常发情。

4. 疾病　卵巢囊肿、子宫蓄脓等生殖器官疾病往往导致乏情期时间过长或不发情。如上一窝产仔过多或连产几窝等，母犬机体没能很好地得到调整恢复，也会导致乏情期延长。

★ ［**母犬异常发情**］

母犬异常发情的情况有几种：

1. 安静发情　即母犬缺乏发情表现，但其卵巢的卵泡仍发育成熟并排卵。一般当连续两次发情之间的间隔相当于正常间隔的 2 倍或 3 倍时，即可怀疑中间有安静发情。

原因：①有关生殖激素不平衡。例如，当雌激素分泌量不足时，发情表现就不明显。②促乳素分泌量不足或缺乏，引起黄体早期萎缩，于是孕酮分泌量不足，也会引起安静发情，因为孕酮分泌量不足，就会降低丘脑下部的中枢对外雌激素的敏感性。

2. 短促发情　母犬的发情期非常短，如不注意观察，常易错过配种机会。

原因：①由于发育着的卵泡很快成熟破裂而排卵，以致缩短了发情期。②由于卵泡停止发育受阻而引起。

3. 断续发情　母犬发情时断时续，发情时间延续很长（有的母犬发情持续 30 d 才接受交配并妊娠）。

原因：断续发情是因为卵泡交替发育所致，先发育的卵泡中途发生了退化，而另一新的卵泡又再发育，因此产生了断续发情的现象。

4. 孕后发情　母犬在妊娠时仍有发情表现，称为孕后发情或假发情。

原因：由于激素机能紊乱，即黄体分泌孕酮机能不足，而胎盘分泌雌激素的机能亢进所致。

（三）母犬的发情与配种

母犬的发情与配种是犬繁殖工作的一个重要环节。

一般的犬会在 6～10 月龄时第一次发情，个别品种的犬会延后（如大型犬和巨型犬）。犬第一次发情时并不适合交配，因为犬的身体还处于生长期，仍属于未成年犬。一般来说，第一次发情后母犬可每半年发情一次，也就是每年发情两次。所以每只犬的发情时间都不一样。

母犬妊娠期从交配日期起算为（60±4）d。个别大型犬（如藏獒）可能会延至 70 d，只要 B 超显示幼犬生命迹象良好，母犬又没有难产的迹象，就可以等候自然生产。

（四）公犬发情特性

相对于母犬来说，公犬发情无规则性，在母犬集中发情的繁殖季节，睾丸即进入功能活跃状态。当接近发情母犬时，嗅到母犬发情时的特殊气味，便可引起公犬的性兴奋并完成交配。

二、猫的繁殖

猫的性成熟期平均为 8 月龄。母猫在非发情期从不接近公猫。

（一）发情与交配

猫的发情期有明显的季节性，多在冬末春初和初秋，即 2—3 月和 8—9 月。

公猫、母猫都可发情，公猫发情通常是受附近母猫散发的气味所致；母猫发情时表现异常，很不安宁，常在房顶和屋檐往返走动，不时嘶叫，以吸引公猫。猫的发情因多在农历"春节"前夕，故人们也把猫发情称为"猫叫春"。

当母猫的嘶叫声引来两只以上公猫时，公猫之间会发生争偶现象，出现生死搏斗，母猫则在旁边观阵，斗败者最后逃走，获胜的公猫与母猫交配。猫的交配过程持续 1~2 h，要在地上滚两三次，并发出奇怪的鸣叫，才能交配成功，然后各自离去。

（二）受孕与产仔

母猫怀孕后，食量会相应增加。猫的妊娠期为 60~65 d，每胎产仔 3~6 只，最多能产12 只，最少 2 只。体力好的猫一年可以产仔 2 次。

刚生产的猫在 1 周内除了寻食外出，一般不离开仔猫。1 周后仔猫可睁开眼睛，这时母猫开始定时给仔猫喂奶，一般一天喂 4~6 次。2 周龄后，仔猫生长迅速；3 周后，仔猫就能随母猫外出活动了。4 周后，母猫与仔猫感情逐渐淡薄，仔猫开始自己觅食，母猫逐渐消瘦，泌乳渐少，开始厌弃哺乳仔猫。5 周后逐渐断奶，仔猫开始独立生活。

三、绝育问题

如果不是用来繁育的宠物，需要及时绝育。宠物绝育手术看似残忍，但是对宠物来说是有好处的。

犬、猫如果不进行绝育，生育后代的数量将呈几何级数增长，一对未做绝育的犬、猫如任其交配繁殖，按每年产仔 2 胎、每胎 2~8 只计算，理论上第 5 年就会增加到 12 680 只。许多国家或地区的野猫或流浪犬成群，就是因为未做绝育手术不断繁殖的结果。绝育手术不仅可以避免流浪犬、猫增加，更有利于宠物的健康，避免发生生殖器官疾病，如雌性的乳房癌和子宫感染、雄性的睾丸癌和前列腺疾病等。

未做绝育的雌犬每年发情 2 次，雌猫每 3 个月发情一次。发情期间动物总是企图外出寻偶，即使关在家里也会焦躁不安，或者四处排尿吸引异性，甚至损坏家具物件，给饲主带来不少麻烦。做了绝育的宠物则性格更为温驯，容易饲养，同时避免了因寻偶离家走失的问题。雄性宠物之间也不会因为争偶互斗致伤。

第四章 *CHAPTER 4*

宠物基础行为心理

第一节　犬的生理特征与行为

一、犬的生理特性

1. 嗅觉　犬的嗅觉特别发达，嗅觉灵敏度比人类高 100 倍，特殊犬种则高达千倍以上，大约能辨别出 200 万种不同的气味。失明犬可以利用鼻子生活得和正常犬无异。

犬灵敏的嗅觉主要表现在两个方面：一是对气味的敏感程度，二是辨别气味的能力，但是会因味道的种类不同而有所差别。嗅觉功能主要体现在觅食、求偶、逃避敌害几个方面，它们能从许多混杂在一起的气味中嗅出所要寻找的气味。

2. 听觉　人类的听力范围平均为 20～20 000 Hz，而犬的听觉感应力可达 120 000 Hz，是人类的 16 倍，能听到的最远距离大约是人类的 400 倍，对于声音方向的辨别能力也是人类的 2 倍，能分辨 32 个方向。当犬听到声音时，由于耳与眼的交感作用完全可以做到"眼观六路，耳听八方"，即使睡觉也保持着高度的警觉，对 1 km 以内的声音都能分辨清楚。所以我们没有必要对犬大声叫喊。过高的声音或音频对它们来说是一种逆境刺激，会使其有痛苦、惊恐或恐慌的感觉。

犬对于人的口令和简单的语言，可以根据音调、音节变化建立条件反射。

3. 视觉　犬在出生时几乎看不见，在出生后 9 d 才开始发展视觉功能，其视力大约只有人的 3/4，在所有动物种别中，犬的视力大约位列中等。

犬的眼睛对动态较敏感。光线暗淡时，犬的视力比人的视力要好，因为犬视网膜上有一层额外的脉络膜层（tapetum lucidum），有强烈的反光性，能增加犬的夜间视力。

人与犬视觉的差异性在于对光的反应上，犬无法像人一样分辨各种色彩。犬能够分辨深浅不同的蓝、靛和紫色，但是对于光谱中的红、绿等高彩度色彩则没有特殊的感受力。

二、犬的生活习惯

（一）生活环境

1. 室外饲养的犬舍要求　犬舍宜面向南，具有良好的通风性，夏季要安置在阴凉的地方；最好设置在犬能看到家人的地方，并避开离出入口太近的地方，以免陌生人来访引起犬的过激反应；尽量不让犬发出噪声，避免给邻居带来困扰；犬的粪便和尿液及时处理，防止散发恶臭。

2. 室内饲养犬舍要求 注意危险物品的管理和摆放；在幼犬时期就训练犬定点排泄。

（二）饮食习性

犬是肉食动物，在喂养时需要在饲料中配制较多的动物蛋白，辅以素食成分，以保证犬的正常发育和健康。

犬喜欢啃咬骨头，这是原生态时撕咬猎物所留下的习惯，喂养时可以经常给犬一些骨头吃，但不要用禽骨，防止刺穿犬的肠胃。成年犬主要用臼齿磨碎硬的骨头，但是对幼犬来说，骨头会破坏幼犬的牙釉质和牙床，导致牙床脆弱变短，牙根裸露，这样会进一步使牙齿和牙根变得脆弱，诱发牙齿疾病。

犬有时也会吃草，但吃得很少，其作用不是为了充饥，而是为了清胃。

犬普遍存在不同程度的以人类和自身粪便为食的习性，这是早期人类社会食物匮乏时犬不得不将粪便作为食物的重要来源之一；也有看法认为这是犬在食物不足、营养不良、缺乏某种微量元素或者患有寄生虫病情况下的病态表现，补充微量元素时这一行为会相对减少。

（三）睡眠习性

幼犬和老年犬睡眠时间较长，成年犬睡眠较少。犬一般处于浅睡眠状态，稍有动静就会惊醒，但也有沉睡的时候。浅睡时犬呈伏卧的姿势，头俯于两前爪之间，经常有一只耳朵贴近地面。沉睡后犬不易被惊醒，有时发出梦呓，如轻吠、呻吟，并伴有四肢的抽动和头、耳轻摇。熟睡时常侧卧，全身展开，样子十分酣畅。

宠物犬平时睡觉不易被熟人和主人惊醒，但对陌生的声音仍很敏感。犬被惊醒后，常显得心情很差，非常不满惊醒它的人，刚被惊醒的犬有时连主人也认不出来（如向主人不满地吠叫），因此切忌弄醒熟睡的犬。

（四）行为特征

犬在群居时也有"等级制度"，建立这样的秩序可以保持整个群体的稳定，减少因为争夺食物、生存空间和异性而引起的恶斗和战争。

犬卧下之前，总会在周围转一转，确定无危险后，才会安心睡觉。用尿液标记领地，吸引异性，或做路标，从狼演化而来的犬也一直保持着领地习性，它们利用肛门腺分泌物使粪便具有特殊气味，趾间汗腺分泌的汗液和用后肢在地上抓画，作为领地记号。

犬喜欢追捕生物，人类常利用犬的这种特性让其驱赶羊群、牛群，保护主人。

三、犬的心理和行为

（一）犬个性特征

犬类的品种相当多，不同的犬种，会有姿态、外形、性格上的差异，即使是同一犬种，不同个体个性也各有不同，与犬相处，如果忽略犬的个性，难以建立信赖关系。

犬被带到新环境时，会感到十分不安和震惊，了解犬的这种特性后，应尽快帮其适应新环境。

幼犬：只要有人做伴就四处嬉闹玩耍，但因体力不佳而容量疲惫。注意要多加照顾，任其自由走动，直到它习惯四周的环境。如果幼犬半夜吠叫不停，可去它身边陪伴，或拿一块有其父母或兄弟姐妹气味的垫子给犬使用，也能很好地帮犬适应环境。

成年犬：在不安与警戒的驱使下会显得十分紧张，一时之间无法稳定下来，可轻轻抚摸让犬有安全感，若犬不想吃东西，也不要勉强。要以温和的态度对待犬，让其感到安全与自由。这样，犬会很快适应环境。

（二）犬的身体语言解读

犬虽不会讲话，但是却会用一系列的肢体语言将其想法表现出来，其身体语言也较猫更简单一些。如犬在高兴时会摇摆尾巴，激动时会跳跃，甚至会将前肢搭在人身上舔人的脸；生气时，犬会龇牙咧嘴，害怕时夹着尾巴；屈服时会四肢朝天平躺在地上。

1. 俯首 当犬把身体后端抬高，前端低下，尾巴不停地摇动，眼睛欢悦地看着对方时，表示希望与它一起玩耍（图4-1-1）。

2. 摇尾 犬在摆动尾巴时候通常表示友好；但在某些时候如感到恐惧、激动、困惑或者挑衅时也会摆动尾巴（图4-1-2）。

图4-1-1 俯 首

图4-1-2 摇 尾

3. 翻身 当犬四肢朝天躺在地上时，表示谦恭与服从（图4-1-3）。

4. 轻舔 如果犬不停地用舌头舔自己的鼻尖时，表示此时它很紧张（图4-1-4）。

图4-1-3 翻 身

图4-1-4 轻 舔

5. 爬跨 当一只犬爬跨另一只犬时，不仅代表着性行为，有时也是一种征服性的行为（图4-1-5）。

6. 拱背 犬做拱背的动作通常表示出有关性行为的企图（图4-1-6）。

（三）掌握犬的心理与行为，正确对犬进行驯导

想要与犬有良好的沟通，必须先了解它们的心理和行为，才能在调教犬只或美容中找到更适合的方法。

图4-1-5 爬 跨

图4-1-6 拱 背

犬所有的行为都是出于自我保护和对自己有利的目的，它们不会自发地去做对自己不利或是让自己感到不快的事情。在群体生活中，每只犬的内心既存在想要处于优势地位的权利欲望，又存在甘于使自己处于劣势的服从的本能，这种优势和劣势的等级关系并不是一成不变的，而是根据群体的情况随时可能变化，处于劣势的犬不会甘于一直处于服从状态，有机会就会寻找方法，伺机让自己处于优势地位。

当犬在陌生人接近时出现低吠或咬人，或因为缺乏各种生活体验而性格胆怯，甚至在与陌生人或同类初次接触时漏尿，说明这只犬的社会化不足。宠物驯导与调教的目的就是通过对犬本能行为的质和量的限制，进而引导并培养犬对人的亲近性和服从性。

与犬接触需要注意以下几点：

1. 不要抚摸陌生犬的头顶、屁股和尾巴 犬的腹部、背部喜欢被人爱抚。但是尽量不要摸犬的头顶，因为这样会让犬感到压抑和眩晕，也切记不要抚摸陌生犬的屁股和尾巴。

2. 犬与陌生人的接触 犬通常根据自己视线的高度来判断对手的强弱。陌生人靠近时从上面下来的压迫感会使其感到不安，若放低姿势接近犬，犬便会比较容易接受。所以对陌生犬的接触原则是：蹲下来，看别处。切不可与陌生犬对视，以免让犬误以为挑衅。

3. 犬的腹部 犬让人看其腹部是向对方表示投降、认错或顺从、撒娇，犬也决不攻击倒下露出腹部的对手。犬将腹部朝天躺着睡时表示它很放心或很信任。犬和犬初次见面时，地位较低的犬看到地位高的犬也会袒露腹部，这样即使对方充满怒气，也会因此缓和下来。

4. 犬的尾巴 一般在兴奋或高兴时，犬会摇头摆尾，尾巴不仅左右摇摆，还会不断旋动。犬的尾巴翘起，表示喜悦；尾巴下垂，意味危险；尾巴不动，表示不安；尾巴夹起，说明害怕（遇同类夹起尾巴的主要用意是：阻断肛门腺气味信号）；迅速水平地摇动尾巴，象征着友好。犬尾巴的动作还与主人的音调有关。

5. 啃咬行为 幼犬换齿、引起饲主注意、探索环境等原因。

6. 犬患病时 犬患病时会本能地避开人类或同类，独自躲到阴暗处去自我疗伤或等待死亡，这是一种"返祖现象"。犬的祖先是群居生活，犬群中若有患病或受伤的犬，其他犬会将受伤的犬杀死，以免其他犬受到连累或伤犬掉队后受罪。这一点要引起主人和饲养员的注意，发现犬出现此类行为应及时请兽医诊治。

7. 犬分离焦虑 当犬对饲主过度依赖，在与饲主分离时会伴随吠叫、随地便溺等行为，这说明犬有一定的分离焦虑。犬的分离焦虑可经过训练得到改善。

四、调教犬的方法与技巧

（一）关心与爱是根本

注意犬的身心发展，对其付出真心的关怀是调教犬的根本。

首先，应尽量和犬在一起相处，互相交流，就算是职业驯犬师，在开始调教犬之前，一定会试着和犬沟通，安排一段时间互相了解的缓冲时间。不仅要和犬处在一起，也要常抚摸犬的头或背部，做些亲昵的动作，即使言语不通，也要常对犬轻声细语，只要犬靠过来，对其说说话，才能加强犬对人的信赖。

当然关心并不是一味的宠溺，让犬为所欲为。不管是多么可爱的犬，都要赏罚分明，让其明白哪些能做、哪些不能做。

（二）调教的时期

调教就是让犬在生活中，养成必要的礼仪，如定点排便习惯或有客人来访时的态度等。最佳调教期是幼犬期，一旦错过了这个时期，让犬习惯随心所欲地生活后，即使想纠正也不容易，纠正时需要加倍的时间和毅力，且会让犬感到痛苦。

（三）调教的重点

1. 一对一使其集中注意力 不管调教犬做什么动作，以犬和人一对一的搭配最理想。如果有人在旁观看，只有训练者才能对犬发号施令，其他人应保持沉默。调教不需要特定的时间，任何时间均可，如果只是在训练的时间内注意它，其他时候就"放牛吃草"，效果并不会理想。

2. 不急不慌，有耐心与毅力 不论血统多优良的犬种，饲养的方式不对，也会变成劣等犬。犬对饲主的焦躁情绪很敏感，要培育优秀的犬，人在调教犬时一定要保持情绪稳定。有人刚开始十分冷静，但在训练的途中，一发现犬不能做出自己预期的动作时，就变得焦躁易怒，这时候有必要休息一下，反省自己的教导方式，及时调整心情。重要的是每天持之以恒，有些犬记性不佳、学习能力差，若是中途放弃，则会前功尽弃，一定要有耐性。此外绝对不可以情绪化地随意叱责或打骂犬只。

在动物表演中，经常看到驯兽师拿食物奖赏精彩演出中的动物。在调教犬时，如果也如法炮制，那么犬若得不到食物，就不服从饲主了。以食物为诱饵适合幼犬，且只限于犬尚未适应新的环境时，等犬逐渐长大，就不宜再以食物相诱，而要发自内心地关怀、夸奖犬，让犬真正心服于饲主。训练犬时，最重要的是赏罚分明，而且，要明显地做出"好"与"坏"的区别，只要是不正确的事，到最后一步为止都不可让步。当然训斥完毕，一定要让犬做些正确的事，再表扬它，让其重拾信心，想要表现得更好。

3. 一次不要教太多动作 犬与人共同生活，必须牢记许多规则和礼仪，但无论多聪明的犬，也不能一次全部记住，若强迫教犬太多动作，反而会让犬感到混乱，结果一个动作都学不会。应优先教会犬"不行""等一下""坐下""很好"等口令。可以从犬能够较快记住的事物教起，如对于喜欢球的犬，可一边和犬投球玩耍，再教犬熟悉"捡球"。

人们都希望自己的犬能像故事或电影里的犬那样聪明伶俐、善解人意，但过度期待犬做出超出能力范围的事情，会让犬感到十分困惑，最后或许会扼杀其原有的个性。

第二节　猫的生理特征与行为

一、猫的生理特征

健康的猫外观特征为：身躯肌肉饱满结实，眼睛大而亮，四肢挺而有力。

1. 外形　猫有黄、黑、白、灰等各种颜色，身形像狸，外貌像老虎，毛柔而齿利，身体小巧，好奇心重，外貌招人喜爱。

猫的身体分为头、颈、躯干、四肢和尾 5 部分，大多数部位披毛，也有无毛猫。一般的猫头圆，颜面部短，前肢五指，后肢四趾，指（趾）端具锐利而弯曲的爪，爪能伸缩，具有夜行特征。

2. 趾爪　猫的趾底有脂肪质肉垫，因而行走无声，捕鼠时不会惊跑猎物；趾端生有锐利的指甲，爪能缩进和伸出。猫在休息和行走时爪缩进去，只在捕鼠和攀爬时伸出来，防止指甲被磨钝。

3. 眼睛　猫拥有第三眼睑，也无需透过眨眼润滑眼球。

4. 牙齿　猫的牙齿分为门齿、犬齿和臼齿。犬齿特别发达，尖锐如锥，适于咬死捕到的鼠类；臼齿的咀嚼面有尖锐的突起，适于把肉嚼碎；门齿不发达。根据牙齿可以判断猫的年龄。

5. 听力与嗅觉　猫的听力范围在 65 000 Hz 以上；嗅觉能力比人类高 14 倍，猫的口中上端有一感觉器官可以分辨气味。但是如果猫被喷洒香水，会扰乱它们的嗅觉功能，因而除非是美容比赛需要，猫日常不适合喷洒香水。

6. 神经反应和身体平衡　猫的反应神经和平衡感出类拔萃，只需轻微地改变尾巴的位置和高度就可获得身体平衡，再利用后肢强健的肌肉和结实的关节，使得跳跃敏捷，即使从高空中落下也可在空中改变身体姿势，轻盈、准确地落地。

7. 发情　成年母猫发情时会出现翻滚、屁股高翘、叫声暧昧等行为表现。

二、猫的生活习性

1. 食性　除了捕鼠，猫还喜欢吃鱼、兔等。猫之所以喜爱吃鱼和鼠类，是因为猫是夜行动物，为了在夜间能看清事物，身体里需要大量的牛磺酸，而鼠类和鱼的体内就含有牛磺酸，所以，猫吃鱼和鼠类也是因为生存的需要。

2. 睡眠　猫是贪睡的动物，一天中有 14～15 h 在睡眠中度过，甚至有的可以达到 20 h。所以猫常被称为"懒猫"。但大多数时候猫是属于浅睡状态，对外界的声音非常敏感，只有四五个小时处在深睡眠。但是从小和人类共同生活的猫会睡得时间比较长。

3. 清洁　猫爱舔自己的身体，经常对自己身上的毛进行自我清洁。采食后猫会用前爪擦胡须，这是猫的本能，是为了去除身上的异味以躲避捕食者的追踪。

猫的舌头上有许多粗糙的小突起，这是去除脏污的得力工具。

三、猫的行为表现

以前人们养猫的主要目的是防范和消灭鼠患，并未过多关注猫的生活习性和它们心理的实际需求。如今，许多品种的猫都已经成为人们的家养宠物，它们与人类共同生活并逐渐适应这种生活方式，作为饲主或者从事宠物相关工作的人必须要对它们的生理、心理等进行全方位了解，才有助于双方更融洽地相处。

（一）猫的特点

（1）猫不喜欢群居。与犬相比较，猫生性多疑、独立性强。

（2）与犬相比较，猫需要较长的时间来适应新环境及陌生人。

（3）猫有很强的领地意识。与犬相比较，猫会用更审慎的观察和更长的时间去熟悉它所想要占据的领地，并会对任何企图占据的入侵者进行报复。猫习惯于在物品上留下抓痕，或整理磨损的指甲，或将猫掌具有腺体的气味附着物品上，这是为了宣誓领土主权。

（4）猫的思维非常敏捷且活跃，它们具有几乎不容违拗的个性。

（5）猫不喜欢张扬，它们喜好静观，性情高傲且心思缜密。

（6）猫对事物的辨析主要基于嗅觉。稳定猫的情绪可以借用猫熟悉的味道。

（7）猫对"四目相向"的关怀和交流会觉得讨厌和抗拒。

（8）猫叫声的变化能反映它们的状态和需求。

（9）熟知猫的肢体语言有助于及时了解猫的情绪。

（二）猫的肢体语言的寓意

猫的眼睛、耳朵、嘴巴、胡须、尾巴、手脚和身体的任何一个姿势和细微变化都蕴含着不同意义。猫虽然不会说话，但每一个动作都可以像话语一样明确地表达自己在某一时刻的心情。

猫的动作、表情简单直接，有着远强于人类的听觉和嗅觉。对于猫而言，人类的表情动作是判断情绪的参考依据，人类的呼吸声、心跳速度，哪怕只有稍微的变化都能引起猫的注意，这些都是猫了解和判断人类的重要信息。

在猫的眼里，主人是猫群中的一只大猫，它们认为主人懂得与它们相处的方式。因此，熟悉猫的肢体所发出的信号，能够及时给予它们帮助。

1. 猫声音的寓意

① 声音轻柔略低沉的"喵……"：又见到你了、知道了、明白了。

② 声音前长后短的"喵——哇"：想不明白。

③ 口鼻齐喷"嗤……"：警告威胁对方、随时准备战斗。

④ 声音低沉但不轻的"嗷……"：激动、紧张和惊恐。

⑤ 声音低沉像闷在喉咙里发出的"呜……呜……"：不愿别人触碰、靠近；如果是在趴下的状态发出此叫声，表示带有紧张不安的躁动情绪。

⑥ 发声短而轻柔"嗯……嗯……"：寻找。

⑦ 发出"哇——呜……"的叫声：失望与哀求。

⑧ "呼噜呼噜……"的声音：安全和满足。猫会发出这种声音是对抚摸和照顾它的人或同伴表示赞许，也表示安慰对方，或说自己状态很好；又或示意"请别离开我……"的要求。

2. 五官的寓意

① 眼睛：遇到陌生人或同类，猫会收敛目光继而偏转视线避免四目相对，它们反感直视狠盯的举动。

② 眯眼：相遇熟悉的人和同类时，猫会眨眨眼或眯起眼睛，然后用头或身体摩擦对方，表示友好和惦念；在近距离盯着主人的眼睛时，它们会盯一会然后眯上眼，再缓缓睁开，一直望着主人，这举动相当于人类的"飞吻"，猫只有在特别亲近主人又觉得心满意足时才会这样做。

③ 嘴向后咧开：强调自己的强大，向同类展示（或者吹嘘）自己的力量，这种表现通常是在发怒前。

④ 张开嘴巴不停地大口喘气：情绪紧张或者环境很热。

⑤ 耳朵平贴在头上：你好烦，我不想挪动位置。

⑥ 胡须向前翘（图4-2-1）：想获取更多、催促对方让步，这种情况发生在打架时，则表示将主动进攻。

图4-2-1 胡须向前翘

3. 尾巴的寓意

① 尾巴向下自然微弯，尾尖略微向上抬起：所有的猫科动物都用这种姿势表达安全和满足的意思。

② 尾巴急剧颤动和抽搐：诧异、惊恐、愤懑。

③ 尾巴猛地拍打地面：焦躁或愤怒。

④ 尾巴不动，但尾尖抖动：在努力克制自己，强忍愤怒。

⑤ 尾巴垂下夹在两腿之间：这种状态在猫群中表示自己地位低下，若对人有这种行为，表示它很恐惧且希望得到主人的庇护。

⑥ 尾巴如钟摆快速摆动：焦虑不安。

4. 身体行为表现

① 竖起脊背上的毛（图4-2-2）：一般是打架时进入极端紧张阶段或受到突如其来的惊吓时才有此表现。

② 前腿压低、后腿抬高：准备向前扑击。

③ 猫的前脚轻柔踩踏与幼猫吸食母乳的动作有关。

④ 猫在日常经常会有舔毛的行为，其目的可能是为了消除异味、散热或安定心情。并不是每只猫都有这种举动，对于有这样做法的猫，主人需要更加细心地去照顾它们的感受，因为这类心态的猫感情会更加细腻。

⑤ 轻轻挠猫的下巴，可以增加猫对你的好感度。

只有懂得猫的心理，明白猫的"心声"，才能在养育和照顾猫的时候真正做到位，猫也才会生活得愉悦、健康，这无论是对于饲主或猫来说都是非常必要的。

图4-2-2 竖起毛的猫

第五章 CHAPTER 5

宠物护理与美容设备和工具的使用

第一节 设备的认识

一、常用设备

（一）美容桌

美容桌（图5-1-1）可以使美容师视野更清晰、和犬的距离更合适，而且在正确高度的桌子上工作还可以减轻美容师的肌肉劳损和背部相关的伤害。

1. 标准美容桌 标准美容桌是在没有电动或液压动力的情况下需手动调整的。有两种传统的类型，一种是固定的高度，一种是高度可调整的。高度可调整的桌子比固定高度的桌子更加灵活，需要手动来调整高度以适应不同体高的犬。

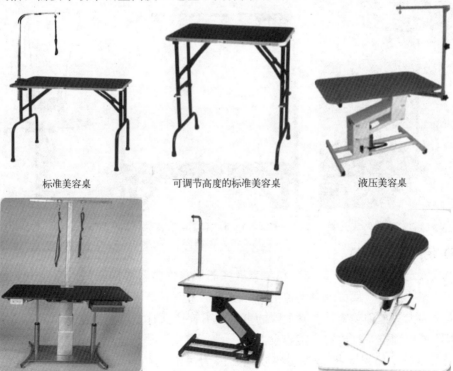

标准美容桌　　　　　可调节高度的标准美容桌　　　　　液压美容桌

高端电力美容桌　　　　带桌灯电动美容桌　　　　桌面呈骨头形状的液压美容桌

图5-1-1　各种美容桌

2. 电动和液压动力美容桌　电力或液压动力下可调整的美容桌有三个关键的优点：速度、方便和精确。这些美容桌的一些型号在桌面上安装内置电源插座，为需要电力操作的电剪、烘干器和其他工具提供了便利，有些桌子可以从犬下方提供照明，照亮正常光照条件下难以看到的部位。

与标准美容桌相比，可调节美容桌更节省时间，减少身体的耗损。

（二）美容支架（吊杆）

（1）便携夹式支架（吊杆）（图5-1-2）。便携式支架可调节性好，可以移动到美容桌的任何部位，满足美容师的需要。对于家庭美容和带宠物旅行来说很实用，不管走到哪里都能有一个方便实用的支架随时可用。

（2）双侧美容支架（吊杆）（图5-1-3）。双侧吊杆有多个挂钩可以使用，可以保证活跃爱动的犬或幼犬、老年犬足够安全，同时还可以让美容师能更方便地调整宠物的位置而不需要绕着桌子移动。

（3）美容师助手架。美容师助手架与普通的美容吊杆不同，它的美容臂长度更长，用两根牵引绳将犬的前躯和后躯保定。这是一个非常有用的宠物美容保定工具，尤其是当美容师独自在店铺或移动美容车工作时，可以更好地控制犬。使用美容师助手可以控制住任何大小的宠物而不需要占用人手，可以帮助美容师将宠物控制在桌子上，防止宠物坐下。当美容师为犬美容时，可能离美容支架较远，使用美容师助手可以更好地帮助美容师为宠物修饰头顶的头冠及胡须。美容师助手从根本上改变了宠物美容的方式。

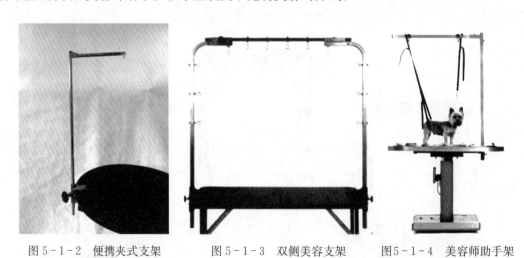

图5-1-2　便携夹式支架　　　图5-1-3　双侧美容支架　　　图5-1-4　美容师助手架

（三）吊绳（保定绳）

吊绳（保定绳）（图5-1-5）和美容吊杆都是宠物美容要用到的重要保定工具。保定绳可以防止宠物乱动，从美容桌上掉落，并防止宠物坐下，使人无法对其进行美容操作。不用保定绳就为犬只护理美容是非常危险的事情，不管什么时候，宠物在美容桌上一定要带吊绳，并且不能单独把宠物放置在美容桌上。

使用吊绳时，如果犬抬起头想要咬人，因为吊绳的拉伸，它会很难向人转过身来。因此当犬只在美容桌或浴缸时使用美容吊绳，有助于控制犬，保证人和犬在美容过程中的安全。

（四）保定夹

保定夹是在完全没有办法碰触到宠物的时候使用的一种保定工具，在使用时还需要另外再加以适当的压制。目前保定夹基本只在台湾地区使用。

宠物美容设备组装完毕，都要以 75% 酒精进行喷洒消毒，且整个操作期间，犬应置于运输笼内。

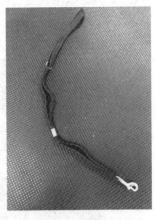

图 5-1-5　吊绳（保定绳）

二、辅助设备

（一）吹风烘干设备

1. 动物专用吹风机　常见的有固定式和手持式（图 5-1-6）。

① 固定式吹风机。有悬吊式和立式两种。一般使用功率为 1 000 W 左右、可以调节风速的吹风机，使用时务必要留意吹风机的热度。过热、长时间使用会导致宠物的毛变质。此外，还有风量较强的超级吹风机，可以用来吹毛量多而密的宠物及大型犬，能缩短吹毛时间。

② 手持式吹风机。是传统的吹风机，可以调节热度，使用方便，是修剪时必备的工具，尤其是做造型的时候，这种吹风机必不可少。

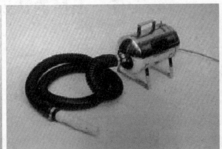

手持式吹风机　　　　　　超级吹风机　　　　　　固定式吹风机(立式)

图 5-1-6　动物专用吹风机

2. 烘干箱　烘干箱是为了快速吹干宠物毛发而使用的一种干毛工具（图 5-1-7）。

（二）牙科设备

牙科设备包括洁白牙膏、冷光美白仪、全自动电动洁牙器、超光仪、牙齿整形仪，见图 5-1-8、图 5-1-9。

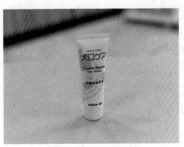

图 5-1-7　烘干箱　　　　　图 5-1-8　洁白牙膏　　　　图 5-1-9　超声波洁牙仪

（三）其他医用专业设备

其他医用专业设备包括B超仪（图5-1-10）、核磁共振仪（图5-1-11）、钬激光碎石机等。

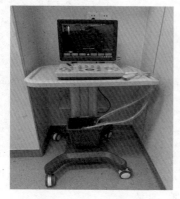

图5-1-10　B超仪　　　　　　　图5-1-11　核磁共振仪

第二节　工具的认识

一、宠物护理与美容工具

（一）宠物护理必备工具

犬用趾甲钳（剪）（图5-2-1）、猫用趾甲钳、止血粉（图5-2-2）、宠物洗浴手套、磨爪器等。磨爪器分为电动和手动两种。

图5-2-1　趾甲钳（剪）　　　　图5-2-2　止血粉

（二）美容修剪使用的工具

1. 剪刀类　直剪、弯剪、小直剪、牙剪、宠物电动剃毛器、专业电剪及不同型号的刀头、专门清洗刀头的油等，见图5-2-3至图5-2-7。

2. 梳理、开结类　美容师梳（排梳）、木柄针梳、钢丝梳、分界梳、开结刀、开毛结水等，见图5-2-8至图5-2-12。

（三）其他常用美容工具

鬃毛刷、拔毛刀、止血钳、吹水机等，见图5-2-13至图5-2-16。

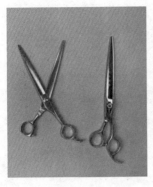

图5-2-3 直 剪

图5-2-4 弯 剪

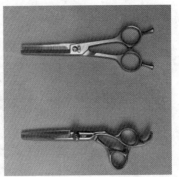

图5-2-5 牙 剪

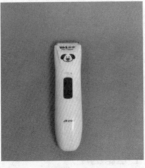

图5-2-6 电动剃毛器

图5-2-7 电剪及刀头

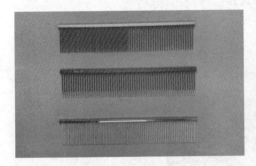

图5-2-8 美容师梳

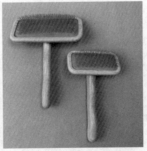

图5-2-9 木柄针梳

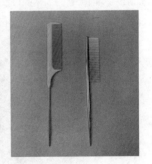

图5-2-10 分界梳

图5-2-11 开结刀

图5-2-12 开毛结水

图5-2-13 鬃毛刷

图5-2-14 拔毛刀

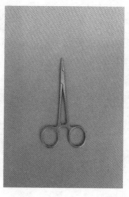

图5-2-15 止血钳

图5-2-16 吹水机

使用提示

　　长毛犬因被毛较长，使用钢丝刷会扯断被毛，应选择圆头针刷或鬃毛刷；短毛犬可使用平滑的钢丝刷；无毛犬则可选择橡皮刷；吹水机适用于大型健康成年犬。

二、工具的使用

（一）美容师梳、针梳、趾甲钳、拔毛刀、止血钳的用法

1. 美容师梳　持握美容师梳（排梳）的正确位置是在梳子后端的1/3处（图5-2-17）。排梳在处理被毛打结时的使用顺序和方法是：先使用宽目，再使用细目。

2. 针梳　运用针梳的正确使力部位是手腕（图5-2-18）。

图5-2-17 美容师梳的持握

图5-2-18 针梳的持握

3. 止血钳　止血钳在美容工作的用途是：绑发饰、辅助清洁耳道、夹除外寄生虫（图5-2-19）。

4. 拔毛刀　主要用于拔除刚毛犬的被毛，使用时手腕和小臂用力，大臂尽量保持不动。

5. 趾甲钳　用于修剪宠物趾甲。

图5-2-19 止血钳持法

图 5 - 2 - 20　拔毛刀持法

图 5 - 2 - 21　趾甲钳持法

（二）电剪的用法

电剪的主要用途是去除造型中不需要的被毛，在剪短型时，不建议使用 0.1 mm 的电剪头剃除宠物的被毛。

小电剪一般用作导尿时被毛整理、肛门周围毛剔除、脚底毛修整等小范围细节处修剪，不适合雪纳瑞犬的背部造型。

在使用电剪前一定要首先做必要的检查，如刀头与电剪是否装置妥当、刀头上标示长度确认、刀刃是否有损伤。还要注意电剪不可过热，过热可能会造成宠物的皮肤泛红、易过敏，刀头发热以及马达损耗。

1. 使用要点

（1）手握电剪要轻盈灵活，见图 5 - 2 - 22。

图 5 - 2 - 22　电剪握法

（2）刀头平行于犬皮肤平稳地滑过，移动刀头时要缓慢、稳定。

（3）要确定刀头是否合适，可先在犬的腹部剪一下试试。

（4）在皮肤敏感部位随时注意刀头温度，如果温度高需冷却后再剪。

（5）在皮肤褶皱部位要用手指撑开皮肤再剪，避免划伤。

（6）剃除体躯被毛时一般使用电剪平推，且电剪应按毛流生长方向修剪。

（7）耳部皮肤薄、柔软，要铺在掌心上平推，注意压力不可过大，以免伤及耳边缘的皮肤。

（8）不管什么犬种，均需用电剪将下腹、足底、肛门周围的被毛剃除干净。

（9）用完后立即清理刀头，平时注意刀头的保养。

2. 电剪卡毛时的处理方法　拆卸刀头，清除卡毛，检查犬只该处是否有缠结，检查刀刃面是否损伤。

（三）直剪的用法

直剪是适合大面积修剪的美容剪。

1. 运剪方法　将无名指伸入一指环内；食指放于中轴后，不要握得过紧或过松；小指放在指环外支撑无名指，如果两者不能接触尽量靠近无名指；将拇指抵直在另一指环边缘拿稳即可（图5-2-23）。

图5-2-23　直剪手持方法

2. 运剪口诀　由上而下、由左至右、由后向前；动刃在前、静刃在后；眼明手快、胆大心细。

★**【注意】**

使用时其开口角度以保持30°为宜，拇指施力侧为动刃。按照运剪口诀练习水平、垂直、环绕运剪。无名指过度深入无名指孔，容易造成美容剪开口角度不够。

（四）拔毛工具的使用

1. 浮石的用法　浮石质量轻、有气孔、像石头一样的物质，呈深灰色（图5-2-24）。粗糙的表面使之成为可以将犬只身上柔软的内层毛拉起来的理想工具。

使用方法：以舒适的方式拿着浮石（图5-2-25）。

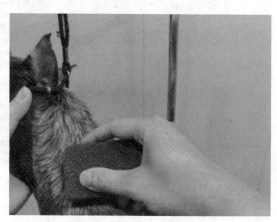

图5-2-24　浮　石　　　　　图5-2-25　浮石的使用

可以在被毛的上表面拉动，或是在被毛分线上拉动，就像在做直线梳毛或直线刷毛一样。

很多美容师喜欢在给犬只洗澡前使用浮石，因为浮石使用后会有略微刺激的气味和颗粒残渣滞留在毛丛内。

因浮石有比较难闻的气味和表面粗糙的特点，不用时建议将其储存在密闭的容器内。

2. 刀片　钝刀片是一件完美的梳毛工具。用手指握着刀片，拇指位于刀片后侧的凹槽里，通过拉动精密的刀齿进行顶部梳毛或直线梳毛。当拉动刀片时，将刀片向操作者的方向略微倾斜，根据被毛的浓密度和要去除的毛量来调整力度。刀齿精细的脱毛刀也是相同的用法。

3. 手动拔毛　严格来说，手动拔毛是一项将犬外层的保护毛从犬皮肤上拉出来的技术，而不是工具。手动拔毛可以帮助犬保持良好的被毛质地和丰富的被毛颜色。

一年中的某个时间段犬的被毛比较容易被拔除，在理想状态下，手动拔毛应该与犬自然周期一致，自然循环周期与其生活环境和激素水平有关。

方法要点：

（1）利用手指、梳毛工具或拔毛刀对宠物进行塑型，并突出犬只的自然轮廓。

（2）有规律地进行梳毛工作，每次去掉少量的毛，并且一定要顺着体毛生长的方向进行。如果被毛很容易被拔出来，那么可以继续拔除影响犬只轮廓的较长被毛。

（3）手动拔毛时可以施加温和的冲力和保持一定节奏，保持手腕锁定在中间位置，有节奏地运动自肩膀发力而非腕部或肘部。使劲拔毛对美容师和宠物都是不好的体验。

（4）对于某些特定被毛类型的犬，在洗澡之前使用少量防滑粉，更容易抓住被毛，使拔毛和梳毛变得更轻松。

（5）一般躯干的毛容易拔除，宠物容易接受；脸颊、喉咙和私密位置较为敏感，需要使用去薄剪或者推剪。

（6）许多被毛较硬的犬种可以简单通过手动拔毛将较长的刚毛拔除。

（7）保留被毛的长度可以为 2.5 cm 左右，取决于修剪的是身体哪个部位。

（8）大多数犬种拔毛后应该看起来比较自然，没有推剪或过分修剪的痕迹，不赞成过度美容。

（五）其他工具

1. 美容梳　使用原则是：单一方向，由毛根向毛尾端梳理，硬底针梳不建议在短毛犬种被毛梳理时使用。

2. 层次剪　夏季将犬被毛剃短仅留头部及尾部时，头部长毛与身上短毛的落差宜使用层次剪衔接修饰。遇到交叉毛流时应使用层次剪修剪。

3. 美容纸、橡皮筋、尖尾梳　绑蝴蝶结时会用到美容纸、橡皮筋、尖尾梳这些工具，美容纸的选择除了必须有适当的坚韧性以外，还要有透气性。

4. 磨爪器　使用电动磨爪器修剪趾爪出现流血时要暂时停止磨爪。

所有美容工具使用完毕后，要逐一清点并工整地放入工具箱，清理工作场所。

三、工具的养护与收纳

（一）工具的养护

1. 剪刀的保养　步骤见图 5-2-26。

① 清理毛屑：修剪作业完成后，用面巾纸或专用布将剪刀刀刃轻轻擦拭，擦除附在刀刃上的毛屑等。擦拭过程中注意除了刀尖之外，容易被毛屑塞住的剪刀根部也要清理干净。

② 喷保养油：刀刃部分要喷上剪刀保养油。使用剪刀保养油时可利用喷嘴的风压将塞在刀刃之间的细碎毛屑吹掉，同时可以在剪刀表面形成保护膜，防止剪刀生锈。

③ 擦拭剪刀：使用面巾纸或专业布料擦掉刀刃上的保养油。面巾纸或布一定要顺着刀刃的方向擦，反方向擦会损伤刀刃。

拔毛刀的保养与剪刀相同。

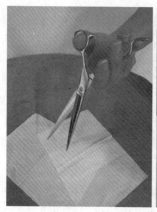

清理毛屑　　　　　　　　喷保养油　　　　　　　　擦拭剪刀

图 5-2-26　剪刀的保养步骤

2. 电剪的保养　步骤见图 5-2-27。

① 将电剪的刀头从本体拆除（有的品牌无法拆除），首先用鬃毛刷清除塞在刀刃之间的残余毛屑。刷子一定要沿着刀刃的方向动作。

② 在刀刃喷上电剪专用的保养油，用面巾纸或专用布擦拭。和剪刀保养油一样，利用风压吹掉细毛屑，同样具有预防刀刃生锈的作用。

拆电剪头　　　　　　　　　　　喷保养油

图 5-2-27　电剪的保养步骤

3. 梳子的保养　步骤见图 5-2-28。

（1）用手去除纠缠在木柄梳上的毛，要注意力度合适，动作适度，避免损伤梳针，梳子要清洁到梳针的根部；患有皮肤病的犬、猫使用过的梳子要喷消毒液消毒。

（2）使用排梳清除纠缠在针梳上的毛，针梳的针很细，且容易弯曲，毛缠绕的情况会比木柄梳更紧，因此尤其要注意避免损伤梳子。患有皮肤病的犬、猫使用过的梳子要喷上消毒水消毒。

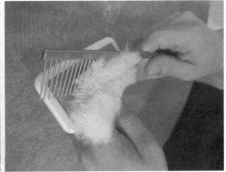

用手除去木柄梳毛 　　　　　　　　　　用排梳去除针梳毛

图 5-2-28　梳子的保养步骤

4. 止血钳的保养　步骤见图 5-2-29。

（1）用流动的水将止血钳的前端冲洗干净，尤其要仔细清洗呈锯齿状的部分。清洗时可以使用牙刷等工具轻轻刷洗，内侧齿状构造的清洁应以顺时针方向刷洗。

（2）在小容器中倒入消毒液，浸泡止血钳的前端，放置一段时间。最好以打开的状态浸泡，使锯齿部分能够完全消毒。

（3）用流动的水将消毒液冲洗干净，用干净的毛巾擦干水。犬、猫的耳部疾病很容易传染，所以止血钳每使用一次，就一定要清洗、消毒。

冲净 　　　　　　　　　　消毒 　　　　　　　　　　擦干

图 5-2-29　止血钳的保养步骤

（二）设备的消毒与收纳

1. 美容桌的清洁消毒

（1）美容桌每次使用完毕后都应立即清理并消毒。

（2）清理时先清理桌面，掉落美容桌面的毛发应随时扫至桌缘垃圾夹袋中。美容桌沿饰板的残毛处理应先用毛刷扫除干净，然后再消毒，尤其注意较难清理的桌沿包边位置的清洁。

（3）只将桌面上的残毛清除无法切实达到美容桌的消毒效果，桌面、保定杆、桌脚都属于美容桌的清洁范围，美容桌脚和桌底下的废毛每天都要移动桌子清理干净。

（4）美容桌一般常用的消毒清洁方式有酒精、漂白粉和火焰。

2. 美容桌的收纳

（1）将假模特犬置于美容桌右侧地板上（图5－2－30A）。

（2）用酒精均匀喷洒桌面（图5－2－30B）。

（3）再以抹布擦拭清理（图5－2－30C）。

（4）依组装前样式，恢复美容桌原状并放归原处（图5－2－30D）。

（5）将现场所有美容器材都放归原处（图5－2－30E）。

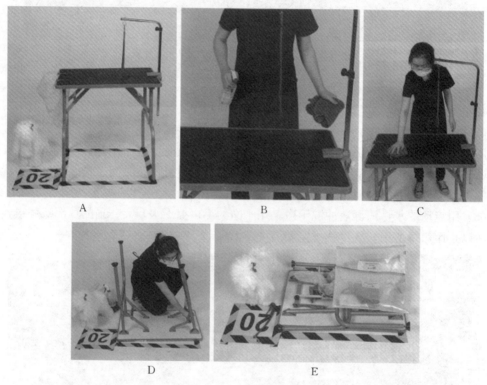

图5－2－30　美容桌的收纳

3. 烘干箱的养护　烘箱内四壁需进行例行消毒；遇患外寄生虫病的犬使用后需立即消毒；烘箱若有上盖需定期掀开清理毛屑。

4. 其他用品使用注意事项　海绵式吸水巾（吸水毛巾）不用时应保持湿润状态；吸水巾消毒应使用不会破坏吸水巾结构特性的消毒液浸泡（吸水巾的结构纤维被破坏会影响其吸水性）。吸水巾在不同犬只使用后每次都应彻底消毒。

针梳在消毒前应先将废毛清除，清理时清理方向应与针梳顺向。

四、使用工具操作注意事项

宠物美容修剪的顺序依造型不同而有所差异，但修剪时需要注意的事项是一样的，如做出符合顾客预期的造型，避免对宠物身体造成负担，预防意外受伤等。这些都是在宠物护理美容过程中需要注意的基本事项，稍一疏忽就可能带来意料之外的失败和伤害。所以必须逐项确认，认真开展工作。

1. 确认美容项目清单　开始修剪前一定要再次查看美容项目清单，确认顾客预定的服务内容。方便的话，也可以将项目清单放在操作台附近，以便进行作业时可以随时确认。

2. 注意手放置的位置 想确认造型而需要犬只静止不动时，将手放在犬下颚口端的毛处和尾根部及大腿内侧等部位，让犬的头笔直上抬站立（图5-2-31A）。图5-2-31B中不仅头部过度朝下，左手甚至将经过沐浴和吹干整理好的毛弄乱，是错误的做法。

A.正确扶法　　　　　　B.错误扶法

图5-2-31　操作时手的放置

3. 不要让宠物采取不自然的姿势 在修剪中要提起犬、猫四肢时，必须注意移动的方向（图5-2-32A）。由于脚的关节是前后活动的，所以绝对不可像图5-2-32B中一样横向抬高，即使是前后移动，也要注意不可抬得过高。

A.正确手法　　　　　　B.错误手法

图5-2-32　美容过程中宠物腿的移动

4. 拿取工具时的注意事项 为了宠物的安全，修剪时美容桌上绝对不能放置任何物品。排梳和剪刀等每次用完后，都要确认收到美容桌下或是美容师的口袋中，尤其是剪刀不可以以张开刀刃的状态放置（图5-2-33）。气候干燥时，剪毛工作中常有细毛沾染工具，这是因为有静电的作用。

手不可以离开宠物的身体。为了预防宠物跳下美容台等意外的发生，修剪时要一直摸着宠物的身体，美容师绝对不能让双手都离开宠物身体或是往旁边看，甚至离开正在作业的美容桌前。图 5-2-34 中美容师双手都拿着工具，没有一只手放在犬身上，是错误的操作。

图 5-2-33　工具错误放置状态　　图 5-2-34　手的错误放置

吹走毛屑。修剪完成后，用吹风机的冷风轻吹全身，吹走附在身体上的毛屑（图 5-2-35）。细毛屑附在身上不加处理，会让顾客的印象大打折扣。

5. 健康方面的检查　确认有没有毛进到宠物眼睛里，皮肤有无异状。用沾湿的棉花沿着眼睛边缘轻轻拭去进入眼睛里的毛（图 5-2-36）。有时要经过一段时间以后，洗毛精造成的影响才会出现，所以也要确认皮肤的状态。

图 5-2-35　吹走毛屑　　图 5-2-36　拭去眼睛内的毛

6. 完成造型的检查　让宠物端正站立，确认修剪后的造型。美容师确认完毕后，还要接受资深美容师的检查。必要的部分再做修整，完成最后造型。

7. 让宠物回到笼子里　修剪完成后在等待接送期间要将宠物放回笼子里。抱起宠物的时候，注意不要弄乱宠物造型。如果可以的话，最好在放回笼子之前先让宠物排便。

第六章 *CHAPTER 6*

安 全 与 保 定

第一节　宠物保定基础知识

一、宠物保定概述

宠物平时虽然看起来乖巧懂事，但是在打针、吃药的时候，还是会跟小朋友一样"闹情绪，不听话"；在护理美容的时候，也不会像人一样乖乖不动，这会造成无法顺利完成诊疗和美容。所以不管是饲主还是美容护理店的工作人员和宠物医护人员，都需要具备熟练的宠物保定操作技巧。所谓保定就是在保护好自己和宠物的前提下将宠物妥善控制，使其能够安全、稳定地接受诊疗和美容处置。

控制宠物犬是护理与美容中重要的一环，如果不能控制宠物，对其进行护理和美容将会非常困难。当犬在幼龄期时引入常规护理与美容，它们会习惯这种程序并能接受被护理。因此，在宠物犬完成第一组疫苗接种后，主人应该把常规护理与美容提上日程。

护理与美容时必须建立人的主导地位，才可以控制犬，因此，操作者的声音、碰触和情绪是最好的工具。在护理与美容时，操作者要给出坚定且温柔的命令使犬知道它可以得到善待。友好的行为可以帮助犬对人产生信任和信心。一旦犬被大声叱责及辱骂受到惊吓，就很难再使它消除疑虑。

人的靠近与触碰也是与犬交流的重要方式，如果突然牢牢地抓住犬的脚并拉拽，犬会本能地猛烈挣脱并且提防。正确的做法是轻轻地握住犬的脚，不要握得很紧，犬想要挣脱时不要让它挣脱掉。当犬发现人不会放弃，也不会伤害它的时候，就会放松下来，这时轻轻地把犬的脚放到想要的位置，如果犬仍然感到恐惧，可以重复几次这个过程，犬就会放松下来。护理与美容时需要更多精细的命令，当轻声地给出坚定的命令时，犬会了解命令的意思和期望它做的事情。

二、宠物保定的准备

（一）保定人员的心态

面对需要被保定的宠物，必须要自信且沉稳，宠物不会屈从于心理素质不稳定的人，强势的宠物更是如此。如果保定人员是焦虑或紧张的，那么宠物也会感觉到人的慌乱心理，于是更加不配合，使保定工作变得困难。

（二）保定前宠物的准备

1. 生理准备　必要时禁食或不吃太饱；如果是临时到店，出门前做好排泄或是必要的排泄物采集。

2. 心理准备　习惯外出的一切用品、引具、提篮、动作。图6-1-1为外出保定器具。

图6-1-1　外出保定器具

要让宠物习惯进笼、自愿进笼，不要把宠物从外出笼里硬抱出来，让它知道外出笼是个可以安全躲藏的地方。

3. 心态　要有平常心，不要让宠物感受到你的企图。

4. 要善于观察宠物警告的反应

① 犬的警告反应（图6-1-2）：露出牙齿，发出低吼声或咆哮、吠叫；耳朵向后伸，全身紧绷，后肢做势准备随时快速行动；后半身的毛竖立，尾巴向下而僵直。

② 猫的警告反应（图6-1-3）：耳朵平贴（俗称"飞机耳"）、瞳孔放大、用力"甩尾"、拱背弓身、炸毛、哈气低吼。

图6-1-2　犬的警告反应　　图6-1-3　猫的警告反应

三、保定工具

宠物保定方式有徒手保定和工具保定两种，常用的工具有：手套、伊丽莎白颈圈、嘴套、套绳、浴巾、压制笼、猫袋等（图6-1-4）。

1. 手套　见图6-1-5。徒手保定宠物时常使用手套。戴手套操作时灵活性与不戴手套相比稍差，但是对手有较好的保护作用，被宠物咬到不会受伤，但会有淤青和疼痛感。

图 6-1-4 保定工具

图 6-1-5 手 套

2. 伊丽莎白颈圈 见图 6-1-6。宠物有意佩戴的时候，可以缩小宠物嘴巴的攻击范围。注意粘贴处及依附的颈圈或带子务必牢固。

3. 嘴套 见图 6-1-7。宠物有意佩戴的时候，可以避免宠物的嘴巴攻击。

注意：固定带子务必牢靠。

图 6-1-6 伊丽莎白颈圈

图 6-1-7 嘴 套

4. 套绳 见图 6-1-8。在宠物无法近距离接近的时候使用。

注意心肺功能不佳的宠物太紧张时心脏无法负荷。

5. 大浴巾 为最佳的保定工具，见图 6-1-9。注意毛巾的厚薄要适中，要随时注意毛巾有无脱落。

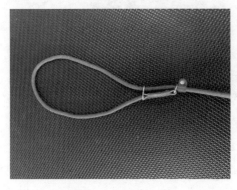

图 6-1-8 套 绳

图 6-1-9 大浴巾

6. 压制笼　见图 6-1-10。在完全没有办法碰触而宠物力气又很大，但又必须完全保定时使用。注意笼内使用大量毛巾。

7. 猫袋　见图 6-1-11。在必须露脸的时候使用。注意猫可能会咬人。

图 6-1-10　压制笼　　　　　　图 6-1-11　猫　袋

第二节　犬、猫美容保定常用操作方法和技巧

一、基础训练保定一般步骤和技术

第一次给犬做护理时不要着急，基础训练可以使犬变得乖巧。过程中犬必须保持站立姿势，保持这个姿势，需将犬头部抬起，如果犬试图坐下或旋转，要平静、轻柔地将其放回原来的位置，持续、坚定地将其放回正确的位置，犬很快会对这种矫正感到厌烦，从而认为站着不动会更轻松。

如果犬总是跳起或用前爪抓人，可坚定地压下它的肩胛骨（图 6-2-1），当犬抬起脚，肩胛骨受到的压力时，脚会向前落下。这个过程可能需要持续几分钟，最终犬会习惯站立姿势。

用拇指和食指抓住犬肘部以上部分并轻轻挤压使其抬起前腿伸直，犬的肘关节和腕关节都会伸展，修剪前腿时会更加容易，修剪时可以将犬的腿放到人的前臂上让其得到休息。

修剪正在抵抗的犬的头部时，需要抓住犬的鼻口部：站在犬的面前，用拇指轻轻地抓牢犬鼻口上部，其余四指轻轻地抓牢犬鼻口下部，指腹放在犬下巴下面的槽里。这种方法能更好地抓牢犬的头部，而不用紧紧地握住。

图 6-2-1　压下肩胛骨

这些步骤对于大多数犬是很有效的，当然总有一些犬无论做什么都拒绝合作。如果有必要的话，向后退并数到十，深呼吸然后再次尝试。如果都失败了，将其放回笼中直到人和犬都冷静下来，切忌大喊大叫。

当犬不配合时尝试护理，对人和犬都不安全。这时，可以考虑使用某种控制装置来控制犬，如果觉得口套是有必要的，可以给犬戴上口套，伊丽莎白颈圈或电颈圈就是用来给难控制的犬美容的有效工具。

二、犬美容保定的一般步骤与技术

1. 试探 第一次接近陌生犬时要先了解犬是否具有攻击性，对于有恐惧和戒备心理的犬，要边呼唤犬的名字边靠近，在其视线下方用手背去试探（图6-2-2），使其安定下来，放松警惕。

注意不要贸然去抚摸和搂抱犬只，以免受到伤害。

2. 正确抱犬，并选择合适的美容台 根据犬的体型选择合适的美容台。

3. 调整固定杆 为防止犬从美容台上跳下，要根据犬的大小、高低，调整好美容台上的固定杆高度，并将旋钮拧紧固定，以防固定杆松动下落砸伤犬。如果美容台过于光滑，要用防滑垫。

4. 固定犬 首先将绳圈套过犬头部和一侧前肢斜挎于犬的前身，调整绳圈的大小至适当位置，然后将绳圈的一端与固定杆连接（图6-2-3）。

图6-2-2 试 探　　　　　图6-2-3 固定犬

5. 训练站立 对于初次美容的犬，要逐渐延长其在美容台上站立的时间，当犬能适应并安静地站立后，可予以鼓励。开始训练时，要经常为犬梳毛、抚摸，消除犬的恐惧心理，使其慢慢进入到状态，以便修剪操作（图6-2-4）。

6. 语言安抚辅助 美容过程中要用温和的语调与宠物对话，以使其情绪安定。但是，如果遇到特别好动的犬，总是安定不下来，可以试着用严厉地语气对其说话。

7. 要善用压制而不是用力抓 右手轻轻抓住犬的口吻部，左臂压在犬身上，左手握住犬的两前肢。用自身重量轻轻压制住犬（图6-2-5）。

图6-2-4 训练犬站立　　　　　图6-2-5 压制犬

79

8. 嵌口法（绷带保定法） 使用带有弹力的绷带圈住犬的口吻部及颈部（图6-2-6）。

9. 徒手保定法 让犬平躺后用双手抓住犬的两前肢及两后肢，待犬情绪平复（图6-2-7）。

图6-2-6 嵌口法（绷带保定法）　　　　　图6-2-7 徒手保定法

对不习惯美容操作的犬正确地方式是：温柔抚摸让犬安心；轻轻刷毛；让犬慢慢习惯美容工具。不管是工具保定，还是徒手保定，使用胶带都不是正确的保定方法。

三、小型犬护理与美容的基本保定方法

（一）抱出笼外

1. 接近犬 将手伸入犬的两腋下，抓住肩膀让犬从笼子里出来（图6-2-8）。将手伸入笼子前，要先仔细观察犬的表情，若犬因为胆怯而进行攻击时，可试着以手背朝犬的方向轻轻伸入笼内，不容易被咬。

2. 抱犬出笼 将犬的部分身体抱出笼外后，一只手绕到犬的胸部，另一只手绕到腹部下方，让后肢轻轻抬起，将犬完全抱出笼外（图6-2-9）。抱犬出来时，笼子一定要放在地板上，在桌子上进行可能会发生犬跌落桌下等意外。

图6-2-8 接近犬　　　　图6-2-9 抱犬出笼

★【注意】

将犬从笼子抱出来时，不能抓着犬的前肢往外拉，这不但会让犬觉得疼痛，后肢也可能会被笼子的入口等处勾住。同时就犬的骨骼构造来说，以不适当的角度拉扯前肢，可能会造成犬前肢脱臼。

（二）放到美容桌上

1. 抱犬 美容师绕到犬腹部的手滑到肋骨下方，以手掌托撑的方式抱起犬，并让犬靠着自己的身体以保持稳定。接着站起身将犬移到美容桌上（图6-2-10）。

反抗处理：遇到宠物不喜欢被抱而挣扎时，把一只手移到犬的臀部下方托着，另一只手从腋下绕到其背部。以这样的姿势让犬紧贴自己的身体，即使是乱动的犬也能将其稳稳抱住（图6-2-11）。

图6-2-10 抱犬上美容桌　　图6-2-11 反抗处理

2. 让犬站上美容桌 进行美容修饰时，必须让犬站在美容桌上。当犬不想站立时，把一只手从犬的臀部下方伸入，将腰部往上提便可让犬站起来（图6-2-12）。

3. 让犬以端正的姿势站立 托在宠物臀部下方的手保持不动，另一只手放在下巴下方，让犬以端正的姿势站立。下巴下方的手保持手指放在宠物下颌骨处。在修饰作业中，要确认造型时，都要以这个姿势来进行（图6-2-13）。

图6-2-12 让犬在美容桌上站立　　图6-2-13 端正姿势站立的犬

4. 让犬坐下 一只手放在犬的下颌下方，另一只手轻轻放在犬臀部。将犬的下颌往上抬，轻轻按犬的臀部让犬坐下（图6-2-14）。但大多数的犬不喜欢臀部被人用力往下压，所以操作时要注意。

5. 让犬用后肢站立 进行腹部电剪作业时，必须让犬用后肢站立。用左手一并抓住犬的左右肘部，以方便右手作业。将左手的食指夹入左右肢之间，可以减轻犬的不适感（图6-2-15）。

　　反抗处理：当犬因为不喜欢用后肢站立而乱动时，将一只手从腋下绕到犬的身体下方抱住，让犬紧贴自己的身体。姿势稳定又紧贴着美容师的身体，会让犬感到安心，变得温顺乖巧（图6-2-16）。

图6-2-14　让犬坐下　　　图6-2-15　让犬保持后肢站立　　　图6-2-16　反抗处理

★【注意】

　　宠物保定是在给宠物护理与美容时必须掌握的基本技能之一。有些宠物不喜欢被人触摸，也有些宠物无法做出适当的姿势使护理工作正常进行。遇到这种情况，不能因为面对的是小型犬就试图用蛮力使其听话，这不仅可能造成意外和伤害，也会让宠物对护理美容产生抗拒心理，不利于后续的工作。只有学会正确的宠物保定方法，才能避免让宠物产生疼痛和害怕的感觉。

四、大型犬护理与美容的基本保定方法

（一）将宠物放到美容台

　　1. 让犬前肢搭在桌上　从后面轻轻抓住宠物左右肘附近，慢慢让犬用后肢站立，将左右前肢搭在美容桌上。为了防止犬逃走，要戴上项圈和牵绳（图6-2-17）。

　　2. 抱腰往上抬　借助前面的姿势，将手绕到宠物臀部或腰部。确认犬前肢稳稳搭在桌面上后，一口气站直身体并顺势将犬抱起来，让犬站到桌上（图6-2-18）。

　　3. 将犬从地板上抱起　不想自己上到美容桌上的犬，要靠美容师抱起来放到桌上。方法是：

　　（1）以蹲下的姿势，一只手绕到犬膝关节后面，抓住一只后肢的膝盖；另一只手绕过肘部前方，托在犬的胸部下方，然后抱住犬的身体站起来（图6-2-19）。

　　（2）将犬抱到美容桌上后，再从后肢开始慢慢放下。

　　（3）如果宠物不喜欢被抱的姿势，试着调整手在环抱犬身体时的位置。

图6-2-17 让犬前肢搭在桌子上　　图6-2-18 抱腰上抬　　图6-2-19 蹲下抱犬

视情况取掉项圈，如果犬能乖乖待在桌上，就马上取掉项圈和牵绳，如果有可能会跳下去，就只取掉牵绳。在进行沐浴作业之前要一直戴着项圈，发生紧急状况时，项圈有助于压制犬的行动。

4. 让犬只在美容桌上站起来

（1）方法一：一只手从犬的臀部下方伸入，以提起腰部的方式让犬站起来。这时候，另一只手要扶在犬的胸前，以防止犬从美容桌上跳下来（图6-2-20）。

（2）方法二：如果犬不喜欢站立，将手伸到其腰部下方，用自己的肩部抬起犬的腰部让犬站立起来（图6-2-21）。

图6-2-20 让犬站立　　　　图6-2-21 让犬站立
　　　　（方法一）　　　　　　　（方法二）

5. 让犬坐下来　一只手从下方抓住宠物口吻部，另一只手轻轻放在臀部。提起口吻部，像要将犬的头往后仰、身体往后推的样子，轻轻按压臀部，让犬坐下（图6-2-22）。

6. 让犬用后肢站立　让助手从后面用手环抱住犬的身体，抓住左右肘附近，让犬站起来（图6-2-23）。美容师和助手可以互相以口令示意，配合时机进行作业。

反抗处理：当犬不愿站立，出现挣扎时，可用一只手环绕犬的颈部，另一只手伸到犬的腰部下方，从其身体后方绕过来，抓住肘部附近抱住犬。美容师的面部要朝向犬的身体后侧并紧紧抱住，等待宠物稳定下来（图6-2-24）。

图6-2-22　让犬坐下　　　　图6-2-23　让犬后肢站立　　　　图6-2-24　反抗处理

（三）进入和离开水槽

1. 进入水槽　将犬抱到水槽上方，从后肢开始慢慢放入水槽里（图6-2-25）。或将美容桌移至水槽前，让犬先坐在美容桌上，再进入水槽。进入水槽后要取掉项圈。

2. 离开水槽　将美容桌紧靠水槽，使犬的前肢搭在桌上后，手扶犬只臀部或腰部，将其身体往上抬，使其上到美容桌上（图6-2-26）。

图6-2-25　将犬后肢放入水槽　　　　图6-2-26　离开水槽

视情况戴上项圈。如果宠物可能会在美容桌上乱动或跳下，从水槽出来后就要立刻给其戴上项圈（遇紧急状况时，项圈可以有效压制犬的行动）。

（四）从美容桌上下来

美容作业完成后，要将宠物抱离美容桌，放到地板上。具体操作如下：

（1）一只手从犬只腹部下方往上抱，另一只手绕过前肢，扶在犬胸部下方，然后一口气抱起来（图6-2-27）。

（2）把犬抱起后蹲下，从后肢开始轻轻将犬放到地板上。即使是大型犬，也要注意不要让犬从高处掉下来，或是粗暴地将犬放到地上。

如果将犬抱起时不顺利，可以试着改变一下手的位置。

另一种抱法是：一只手从上方绕到腹部下方，另一只手则绕过前肢，然后扶在胸部下方（图6-2-28）。

图6-2-27 抱犬下桌（一）　图6-2-28 抱犬下桌（二）

★【注意】

大型犬体型大，力气也大，不能用蛮力强行压制。处理越大型的犬，越需要具有技巧性的保定技术。将大型犬往上抱的时候，要注意手腕和手的位置。方法不当勉强将犬往上抱，可能会让犬感觉疼痛，或是使犬挣扎导致意外事故发生。一个人处理大型犬有困难时，不要勉强，可以让其他人来帮忙。

五、多种作业时保定犬的正确方式

（一）美容台牵引绳保定法

该方法步骤如下：

（1）犬在美容台上，一只手扶住犬，另一只手将做成活套的犬绳套过犬的头部并同时套过犬的一只前腿（图6-2-29）。

注意：美容师离开美容台之前，一定要把吊绳（保定绳）拴在犬的前躯，且一定要让吊绳（保定绳）垂直于美容台。

（2）犬在美容台上，一只手扶住犬，将犬绳套在犬的腰部（图6-2-30）。

（二）掏耳朵时的保定方法

1. 合作的犬　左手抓起犬的耳郭并同时抓住犬颈部的毛控制犬的头部，然后进行操作（图6-2-31）。

2. 不合作的犬　一个人负责吸引犬的注意力，另一个人从犬身后给犬套上防咬圈、绷带、嘴套，然后再进行操作。

图 6 - 2 - 29　牵引绳保定（一）　　图 6 - 2 - 30　牵引绳保定（二）

（三）洗眼睛时的保定方法

1. 合作的犬　一只手抓住犬下颌处的毛，控制好犬的头部，另一只手进行操作（图 6 - 2 - 32）。

图 6 - 2 - 31　掏耳朵时保定　　图 6 - 2 - 32　洗眼睛时保定

2. 不合作的犬　一只手抓住犬下颌处的毛，控制好犬的头部，另一只手操作，在犬乱动时要用有效的口令（如"NO"）制止犬，在犬不动时，马上继续操作。

（四）剪趾甲与剃脚底毛时的保定方法

1. 剪趾甲的保定　操作时直接抬起犬的脚来操作，犬绳一定要垂直于美容台，否则起不到帮助美容师控制犬的作用。如果犬不合作可以将犬放躺在美容台上操作。

（1）剪前脚趾甲。一只手臂夹住犬的肘部并拿起犬只的前肢，另一只手操作（图 6 - 2 - 33）。

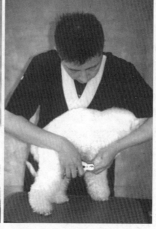

图 6 - 2 - 33　剪前脚趾甲

（2）剪后脚趾甲。一只手臂夹住犬的腰部并拿起犬只的后肢，另一只手操作（图6-2-34）。

（3）躺犬法：先放松犬绳，一只手从犬的肩部伸出握住犬的两前肢，另一只手从犬的大腿根部伸出，握住犬的两后肢，将犬靠向自己的身体并将犬慢慢翻起，人的身体同时向下倾斜并将犬压倒在美容台上，先安抚犬，待其安静下来再操作（图6-2-35）。放躺犬时注意动作要轻，不要摔倒犬。

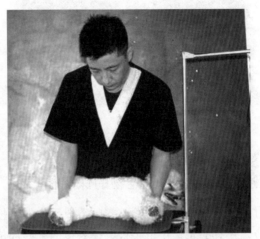

图6-2-34 剪后脚趾甲　　　　　图6-2-35 躺犬法

2. 剃腹底毛的保定

（1）左手抬起犬的前肢，让犬后肢站立，右手握电剪操作（图6-2-36）。

（2）将吊杆放至适当高度，左手抬起犬的前肢，将犬的前肢搭在吊杆上压住，让犬后肢站立在美容台上，右手握电剪操作（图6-2-37）。

（3）如果是大型犬，抬起犬的一后肢，右手握电剪操作（图6-2-38）。

图6-2-36 剃腹底毛（一）　　图6-2-37 剃腹底毛（二）　　图6-2-38 剃腹底毛（三）

（4）左手从犬的前胸抱向犬的前肢肘部，右手从犬的臀部抱向犬的后腿根部，将犬向自己身体靠近，美容师身体向下倾斜的同时，轻轻将犬压在美容台上，安抚犬。待犬放松时，左手从犬的肘部、右手从犬的后腿根部，慢慢将犬翻起，左手压住犬，右手握电剪操作（图6-2-39）。

  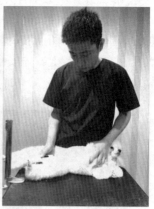

A　　　　　　　　B　　　　　　　　C

图 6-2-39　剃腹底毛（四）

六、修剪造型过程中宠物的保定技巧

美容过程中不配合的犬会给美容师造成很大的负担，有些宠物对吹风机或是电推的声音有过度反应，还有的宠物很抗拒被触摸身体的某些部位。护理美容师需要因犬而异，尽量了解每只犬的特殊性格和潜在危险，进而在护理美容过程中采取必要的保定措施。

1. 希望犬正确站立时　需要犬呈正确姿势站立时，面对蜷缩一团、不能按正确姿势站立的犬，如果施力强迫犬站好，反而会起到反作用。

护理美容师要有"只要犬姿势不正确就会碰到人的手，保持正确姿势时压迫感就会消失"的态度。例如，可以用一只手从犬的四肢下方伸到犬胸部的位置。这样犬只要试图蹲下或蜷缩，就会碰到美容师放在下方的手，不得不站起来（图 6-2-40），直到它能够保持正确的姿势站立为止（图 6-2-41）。

图 6-2-40　使犬保持站立姿势（一）　图 6-2-41　使犬保持站立姿势（二）

2. 当修剪某些部位时犬不配合　在修剪犬的某些部位时，犬会有明显的不配合情况。有时可以无视犬的某些不当姿势继续操作（图 6-2-42），但是也不能完全任由犬为所欲为，操作过程一定要在人能够掌控的状态下进行。

3. 确保人的手不离开犬的身体（图6-2-43） 在整个操作过程中，护理美容师必须确保至少有一只手放在犬身上，保持时刻接触犬的状态。即使是很短的时间，手也不能离开犬的身体。在美容过程中，要随时预测犬的动态和下一步的行动，并以此来增减手的力度。

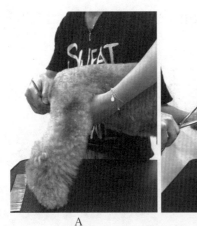

图6-2-42 犬不配合时操作　　　　　图6-2-43 确保有一只手放在犬身上

4. 修剪四肢时 修剪四肢时，将正在修剪的那条腿对侧的腿抬起，物理上就可以让正在修剪的这条腿保持直立（图6-2-44）。从犬身体的下方把犬的腿抬起来，这样可以防止犬坐下。

5. 修剪头部时 修剪头部时，常常会因为犬突然的动作导致事故发生。人一定要时刻关注犬，预测犬下一步可能的动作，要时刻用手保定犬的头部来进行美容操作（图6-2-45）。这样即使犬只突然动一下，也可以立即感知，避免伤到宠物。

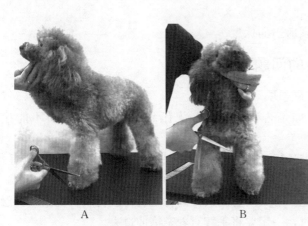
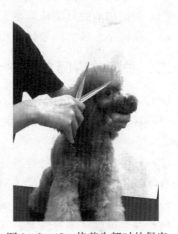

图6-2-44 抬起对侧腿使正在修剪的腿保持直立　　图6-2-45 修剪头部时的保定
A. 抬起对侧腿　B. 防止犬坐下

第三节　宠物保定的安全问题

一、宠物保定时的安全问题

（一）犬保定时的安全问题

（1）注意判断犬的情绪，鉴别压力的表现，操作过程中注意为犬缓解压力。注意以下犬常见的误导表现：

① 晃动尾巴并不总是代表友好的意思。

② 背部毛发竖立并不总是攻击的信号。

③ 跳起并不总是意味着友好或甘受控制。

④ 坐在你的腿上并不总是友好的标志。

⑤ 打滚并不总是屈从的标志。

（2）犬在宠物店做护理时，要注意控制好危险性大的犬，安排好犬的位置。位置选择原则如下：

① 要避开繁忙的区域。

② 胆小、害怕的犬应该和安静、友善的犬放在一起。

③ 两只犬即将擦肩而过的情况下，注意保持牵引者的位置在两只犬之间，避免宠物间发生冲突。

（二）猫保定时的安全问题

猫的脾气与犬完全不同。用与犬交流的方法跟猫交流是行不通的，而且猫通常不会听从人的指令，也不容易用绳子和锁链控制。

猫对声音或突然的噪声非常敏感，因此需要非常安静的美容环境。

在给猫美容的时候，需要记住三件事：

（1）尽量用最短的时间完成美容操作。

（2）根据猫的脾气随机应变。

（3）在每个步骤之间要让猫得到适当的休息。

二、护理美容师自身安全的问题

（一）为宠物做护理美容时的注意事项

（1）首先要了解宠物的习性。如是否咬人、抓人及有无特别敏感的部位不能让人接触等。

（2）要使用到的工具都要事先准备好，操作时确保手一直不离开宠物，要用手托住犬、猫的身体以使其保持稳定，使工具与犬、猫之间保持一定的距离。

（3）接触一只陌生犬时，在确定了解其所有的肢体语言之后再进行眼神的直接接触。

（4）在触摸脾气不好的犬、猫时，一定要将手背对着宠物伸过去。

（5）不要总想着控制犬，要用温和的语调与犬交流。

（二）需要遵循一定的方法和原则

（1）使用小的美容桌可以更轻松地控制犬。当犬没有空间去徘徊和烦躁时，它们通常会保持站立并放松。

（2）不要把犬单独留在桌子上。犬在人的控制和观察下，在美容桌上使用吊绳会很安全。无人管理时，情形就会变得危险，如果犬跳下美容桌甚至可能会致命。没有使用吊绳时，如果犬从很高的美容桌上跳下，也可能会发生骨折或受到其他伤害。

（3）经常使用美容吊绳，包括帮犬洗澡时，以免犬从水槽中跳出。

无论何时只要犬有问题，人首先都要从自身找原因：是否把宠物的腿举得太高；是否刷得太用力；是否很匆忙或者紧张，等等。

很多时候，犬会对人的情绪或行为做出反应，使犬放松的最简单的办法就是人改变自己的行为。每只犬都是有个性的，它们有自己的恐惧、痛苦和喜好，人要善于改变模式和方法，以适应每只犬的需要。

如果犬确实很讨厌美容的某一个环节，尽可能将这一步骤放到最后。例如，如果犬讨厌修剪指甲，而这又是你第一件要做的事情，犬会很"难过"，并且会在接下来的整个美容过程中不配合。如果最终无法保定，尽管用了正确的控制和处理犬的知识和技能，但仍然有一些犬会因为有攻击性的行为而使护理美容工作无法进行。这里需要注意的是：不能给任何犬使用镇静剂（无论是处方药还是非处方药），镇静剂只能由主人或兽医给犬使用。如果犬有很大可能会咬人，无论是对人还是对宠物都存在危险，这时可以建议主人把宠物交给有资格使用镇静剂的兽医师来打理。

三、宠物护理与美容中常见安全事故及处理办法

宠物到了美容店需要为它们营造一个安全、舒适的活动环境，从店铺装修设计开始就要注意到这些问题，例如温湿度的问题、通风换气的问题、防滑的问题等。此外对宠物的窝或笼在布置上要注意其舒适性，窝、笼的大小要保证宠物站立进入时四肢可以伸展，入口高低落差较大时，需要铺设斜坡等。

除了这些问题之外，在为宠物美容和护理的过程中常常会不可避免地出现一些安全问题，需要引起注意。

（一）常见安全事故

美容护理中常见的安全事故包括烫伤、骨折脱臼、眼睛的安全问题、脑震荡、中暑、缺氧等。

1. 烫伤

易发因素：烫伤主要发生在给宠物洗澡时。突然接触很烫的水容易造成宠物烫伤。此外，为宠物吹干时烘干机离宠物太近也是造成烫伤的常见原因之一。

应急处理：如果宠物被烫伤，要马上用冷水冷却烫伤的部位，然后用干燥洁净的纱布轻轻擦去水分，尽量不要触碰伤处，用纱布覆盖伤处，不要压迫得过紧。应急处理之后要尽早送到宠物医院进行治疗。

预防措施：使用热水和凉水混合栓的热水器，最高温度不要调得太高。在用喷头冲洗犬只之前，先用手测试一下水温，感觉水温合适后再冲洗宠物。烘干时吹风机一定要与宠物保持一定距离，不能离得太近。

要养成良好的习惯，防止烫伤宠物，也有利于宠物被毛的养护。

2. 眼睛的安全

易发因素：给宠物洗澡时，香波等有可能造成宠物眼部充血。

应急处理：用冷水或温水冲洗，让药剂或香波顺水流出来，即使宠物因不愿意被冲洗而抵抗，也一定要坚持把眼睛冲洗干净。然后用2％硼酸溶液涂抹在眼部周围，再滴眼药，不要给宠物用人用的眼药，防止使情况恶化。

预防措施：洗浴前先在宠物的眼部和周围涂抹眼部软膏，这样可以在洗澡时保护宠物的眼睛不受香波或者护毛液的刺激。宠物的眼睛在洗澡前就有充血现象或眼眵很多的情况下，尤其要注意防止香波进入眼睛。

3. 缺氧

易发因素：为防宠物咬人，有时在为宠物美容时需要为其戴上嘴套，这种情况下有可能因为宠物呼吸时的气体交换受阻而导致宠物缺氧。另外，自动烘干机内太热或者宠物在里面待的时间过长，都可能会引起宠物缺氧。

应急处理：让宠物在通风良好的区域安静地趴一会儿，情况严重时使用心肺复苏的方法救治。

预防措施：对于必须使用嘴套才能进行美容的宠物，可以用稍微大一点的嘴套，给宠物足够的呼吸空间，还要尽可能快速地完成宠物美容操作。

美容过程中不要让犬一直吠叫，这样也会造成犬的体温升高，有缺氧的风险。

此外，当为宠物自动烘干时，一定要时刻注意宠物的安全，人不可离开烘干机。

（二）美容工具导致的事故

剪刀或电推使用不当可能会伤到宠物，造成受伤、流血等事故。给宠物去除毛结的时候，也可能会造成皮肤大面积受伤，一定要注意使用去除毛结的专门工具。比起效率，安全是第一应该考虑的因素。

1. 剪刀事故

易发因素：在修剪耳尖、耳边缘、肛门或睾丸附近、足垫、胡须、眉毛、脸颊等部位的毛时，剪刀的尖端有可能会伤害到宠物的皮肤。误放在美容桌上的剪刀也有可能伤到宠物。

应急处理：耳、足垫、尾巴等部位受伤时，可用压迫法止血。伤口太深需要缝合时，先快速止血，然后马上带宠物去宠物医院让兽医处理。

预防措施：在使用剪刀时，剪刀的尖端尽量不朝向宠物；修剪宠物头部附近时，一定要用一只手护住宠物头部，保证宠物的安全；剪刀不用时不要随意地放在美容桌上，可以放回工具包中或收到桌子底下；美容师最好在腰带上配备工具包，专门收纳带有刀刃的美容工具。

2. 电推事故

易发因素：使用电推时下压过度或者角度太深，可能会伤到宠物的面部、头部、耳或尾巴的皮肤；电推使用方向错误可导致伤到飞节；没有确认宠物的乳头位置而不小心剃到的情况也有很多；替换剃刀型号后因刀刃薄厚度不一造成下手太重导致剃刀伤及皮肤；电推刀刃过热导致安全问题。

预防措施：皮肤不平坦的部位不要使用太厚的剃刀；养成随时用手测量剃刀温度的习惯，如果刀刃过热，可用喷雾给刀刃降温；准备足够数量和型号的刀片。

3. 梳毛刷事故 用柄梳和针梳梳理毛发时，力度太过、角度不对或深浅度没有掌握好，都可能伤及皮肤表面，特别是耳、飞节、血管密集的地方，要特别注意。

4. 排梳事故 梳开被毛的毛结，就要用到排梳，竖着用力梳理时，可能会造成皮肤撕裂。梳理头部的毛发时注意不要伤到眼睛。

5. 指甲钳事故

易发因素：指甲剪得过多，会剪到血管的部分导致出血。

应急处理：如果伤口较浅，可以先给宠物伤处消毒，美容师的手指也要消毒，消毒后用手指按压住伤处 2～3 min，止血后上药。伤口较深伤、出血多不容易止血时，要用力按压爪子根部来止血，在使用快速止血剂等药品时，要在美容后洗去。

预防措施：给爪子色素较浓的宠物剪指甲时要一点一点地剪，防止修剪过度导致宠物受伤。

6. 逃跑事故

易发因素：宠物趁人不注意从桌上逃走，这种情况时有发生，一般都是由于疏忽大意引起。

应急处理：发现宠物要往店外跑的时候，绝不能跑着追上去，要尽可能地俯低身体，使眼睛的位置降低，斜视宠物并温柔的呼唤；一边注意宠物的动作一边慢慢接近；宠物试图逃跑时，有时候帮忙的人越多宠物越会向外逃窜；人还可以尝试往相反方向跑，宠物可能还会追过来；如果宠物跑丢，可以走失地为中心在周边寻找，同时采取张贴寻犬启示、向警察报案、联系当地动物保护中心等各种方式，在最短的时间内尽全力寻找。

因追逐逃跑的宠物而发生交通事故的事屡见不鲜，所以在处理事故的同时要注意自己的人身安全，慎重行动。

预防措施：可以在美容区域设置一个围栏，使美容区与外部区域隔开，这样即使宠物从美容桌上跳下也不会跑到外面；宠物店的正门应用手动门，不要用感应自动门；迎送宠物时最好使用笼子，到达店内宠物美容区域前不要打开笼子。

（三）美容师被宠物咬伤时的处理

1. 被宠物咬伤后应急处理 美容师少量出血时，可将血挤出，用流动的水清洗消毒，然后上药。出血较多或伤口较深时，先用消过毒的纱布按压住伤口处，然后马上去就医。

宠物咬伤人后可能会马上跳下美容台并逃出宠物店，所以在护理时应该关闭出入口，一旦出现事故可以迅速做出反应，避免事态更严重。

2. 预防措施

（1）做好防范。如果一只爱咬人的宠物犬是店里的常客，那么就要在客户手册上记录下来，并告知全体员工这只宠物犬的问题，以便它每次来店里的时候都能及时做好防御准备。

（2）戴上脖套。对于爱咬人的犬，可以在美容护理时给它带上脖套，或者让其他店员来协助保定犬；对初次来店里的犬，如果发现它有爱咬人的问题，那么在美容的过程中就要格外小心，仔细观察犬的行动，防范危险，必要时采取一定的措施。

（3）小心谨慎。宠物再可爱也是动物，在面对它们时切记不能掉以轻心。

总之，冷静的判断和恰当的方法是处理美容事故的正确方法。

第七章 CHAPTER 7

从业人员实务教程

第一节　宠物护理与美容从业人员的职业要求

（一）工作内容

成为宠物护理师、美容师等专业的从业人员，首先要具备爱心、耐心、细心、自信心和责任心。

宠物护理与美容工作人员，除了将宠物洗干净、修剪整齐，还有很多必须做的业务。

宠物护理与美容属于服务行业，因此工作人员需要大方开朗，对于客人的询问和要求也必须做出适当的回应。此外，还要照顾好宠物。因此，也需要具备正确的知识和技术：客服基本的电话应对和措辞，商品和商品管理知识，犬、猫的生理特点与行为、习性，护理与饲养理论与技术，宠物疾病和健康的相关知识等。

而宠物护理与美容工作人员在进行工作时，必须意识到自己面对的是有生命的动物，除了要注意防止各种意外和伤害，避免宠物逃脱、生病，甚至尽量避免施加压力和痛苦在宠物身上，都是很重要的一环。

（二）职业形象

一名合格的宠物护理与美容工作人员，在工作时不管从着装还是言谈举止，都有相应的标准要求，这样不仅有利于宠物护理与美容工作的开展，也可以给客户留下专业的职业形象。

工作时的服饰与形象要求见图7-1-1。

（1）着装应本着简单、简洁、合体的原则，避免过于繁琐。

（2）鞋子为全包平底鞋，不得露出脚趾。

（3）工作时应穿工服，工服一般是带有两个大口袋、没有任何标记的围裙，工服要保持干净、整洁、无异味，没有污渍。

（4）需戴口罩。

（5）手指至手臂处不可佩戴任何饰品或物品，对不方便取下的手镯、戒指，应以75％酒精消毒；建议头部、颈部、手部都不要佩戴任何饰品。

（6）指甲剪短，保持洁净，不能涂指甲油或装美甲。

图7-1-1　宠物护理与美容工作
人员正确着装

1. 头发整齐，刘海不遮挡视线（长发盘起）
2. 专业的防水围裙　3. 指甲干净整洁，剪短
4. 穿平底鞋

（7）长发者（及肩）需盘扎，刘海超过眉毛者需用发夹固定；男士不蓄发，不留胡须。

（8）参加考试或比赛者，如着装、形象不符合要求不得进入考区或赛区。

（三）职业素质

1. 职业素质基本要求　热爱本职工作，有爱心，喜欢动物，能全身心投入工作，力求做到最好；熟练掌握各项操作技能，不断学习，追求进步，对每一个细节都力求完美；了解宠物行业的相关知识，具有完善的知识体系。

2. 工作行为准则　微笑面对客户，不与客人发生冲突；工作有耐心，不辱骂、殴打宠物；消毒用品摆放在指定区域，宠物上美容台前先给美容台喷洒消毒液消毒；服务过程中必须手不离宠物，不可让宠物单独等待；与宠物互动时应蹲下，随身携带零食包；随时清理宠物粪便，即时喷洒消毒液；同事之间要团结互助；不可在工作时间玩手机；服务结束交付时，小型犬需抱着交给饲主，大型犬必须佩戴牵引绳，交付给主人后方可摘除。

第二节　宠物店的工作流程

一、宠物店的定义

宠物店（pet shop）是专门提供宠物用品零售、宠物美容、宠物寄养、宠物活体销售的场所。其经营项目一般包括宠物用品超市、活体销售、宠物护理与美容、宠物寄养、宠物医疗、宠物乐园、宠物摄影、宠物待产养护。有时宠物店又等同于宠物用品店、宠物美容店、宠物寄存场所、宠物医院、宠物驯养场所等。

二、开店前的准备

（一）个人工作准备

工作人员上班时的精神状态和服装仪容非常重要，上班之前要提早准备，按时按规进入工作状态。进店流程如下：

1. 开关门　由于宠物店的特殊性，当店内有犬、猫等宠物时，要随时注意出入口，防止宠物跑丢，不可掉以轻心。

2. 更换服装　进店后要换上工作的制服和鞋子。制服要保持干净整洁，避免给客户留下邋遢的印象。

3. 整理头发　为避免妨碍工作，需要将头发梳理整齐。长发或刘海过长，要用橡皮筋或发卡固定。

4. 取下首饰　戒指、项链、耳环等首饰要全部取下。这是由于在护理与美容操作中需要近距离地和犬、猫接触，各种首饰有可能会不小心勾到宠物的脚、趾甲、被毛等，造成意外和伤害。

5. 检查指甲　指甲要经常剪短，并用锉刀将尖角磨平，防止划伤动物或使自己受伤，这是最基本的要求。最好不要涂指甲油。

6. 开门前会议　一切准备就绪，开门前应有一个简短的会议确认一天的作业流程。纸、笔、便签随时备用，以便记下当天要做的事情。新手在熟悉工作之前，要养成详细记录工作指示和要点的习惯。

（二）店内清扫

宠物店的清洁、安全是绝对必要的环境条件，每天店面开门纳客之前的整理和清洁非常重要。和一般家庭及办公室等不同的是，宠物店内的毛屑和灰尘较多，需要用吸尘器清理，并用消毒液拖地，各个角落都要打扫干净。店内清扫流程如下：

1. 店内换气　开始打扫前，先打开窗户和换气风扇进行店内换气，可以将吸尘器排出的气体等尽快排放出去，也有助于消除店里的异味。这项工作即使在冬季也要照常进行。

2. 用吸尘器清理地板和各个角落　使用吸尘器清理地板，可以去除细小的灰尘和毛屑。地板上放置物品时，尽可能将物品移开清理，不要遗漏。

3. 拖地消毒　首先是配制消毒液。多数店铺是将杀菌力强的含氯消毒液稀释后使用，也可使用不同的药剂，但需依照正确的方法使用。

其次是用消毒液拖地。可以将拖把直接浸泡在消毒液中使用，也可用喷雾器直接将消毒液喷洒在地板后再用拖把擦拭。

4. 其他地方清扫　接着清扫门店入口、擦拭玻璃、整理店内展架等，保持干净。

（三）工具设备的清洗

1. 污物洗涤流程

（1）清洗使用过的毛巾。使用过的毛巾堆积到某种程度，要放入洗衣机中清洗。患有皮肤病的宠物使用过的毛巾要另行处理：先用消毒液浸泡后再单独清洗。

（2）毛巾烘干。采用日晒或烘干机烘干等方式。清洗和烘干过程中可进行其他操作，但要注意不要将清洗好的物品长时间留在洗衣机里。

（3）毛巾放置。确认毛巾完全干了之后，要按照店里统一折叠方法叠好收到固定的位置，保持随时有干净的干毛巾可用。

（4）洗衣机的检查。因为店内洗涤物常会附着毛屑，所以洗衣机的滤网也容易积聚大量污垢，要经常检查，发现有堆积的污垢立刻清除。

2. 宠物笼的清扫　店内宠物笼利用率高，清扫笼子是一项非常重要的工作，不但要经常清理排泄物，每天定期的打扫也要彻底，以防出现恶臭和传染病传播的可能，同时也为宠物们创造一个舒适的生活环境。

（1）去除垫子。从笼子里取出使用过的垫子，在开关笼门时，要防止宠物从笼子里跑出，可将笼子里的宠物先行移至其他地方或稳稳抱住。

（2）喷洒消毒液。将消毒液按正确的比例稀释后使用。

（3）擦拭干净。喷洒过消毒液的笼子内部用抹布仔细擦拭，避免污垢或毛屑等的残留，注意底面、壁面、上壁、门内侧等部位的清洁。

（4）拉出托盘。笼子底板下方附有用以承接宠物在笼子里排泄尿液的托盘，清洁时要将托盘拉出，取出时注意避免让排泄物泄漏出来。

（5）清洗托盘。倒掉托盘中的排泄物后，使用店内清洗专用的鬃毛刷和海绵等清洗干净，擦干后再装回笼子。

（6）铺上新垫子，放回宠物。干净的新垫子要覆盖到底板的每个角落，并配合笼子的形状来铺。将垫子四周折入地板下方，以免宠物将铺垫弄散或皱成一团，然后将宠物放回。

（7）携带式宠物箱的清洗：

① 用热水消毒笼架，笼架上如果粘有污垢，要用水清洗干净。

② 喷洒消毒液。取出笼架时，注意避免烫伤，轻轻抖干后，整体喷洒消毒液。

③ 将水擦拭干净，把宠物放回。仔细擦拭笼架各部位，装上已经洗净、擦干的托盘，在底板上铺好干净的新垫子，将宠物放回。

三、开店后的工作流程

(一) 宠物接收

当顾客到达店铺，工作人员准备接收犬时，需要按照一定的步骤和程序进行。

1. 进入宠物评估区域

（1）使用牵引绳带入。客户进入店铺，接待人员将其带到专门为宠物进行检查评估的地方，让犬主将牵引绳交给工作人员。犬主如果没有提供牵引绳，可将店里的牵引绳借给犬主。

（2）评估区域要求。检查评估宠物的地方应该能让护理与美容师方便接近宠物，并避开其他进入店铺的客户。在理想状态下，如果有足够的空间，评估区域应该有一张带有吊杆和吊绳且高度可调节的桌子。

（3）评估犬的用具。桌子是检查评估犬不可缺少的用具，这也是为了保护需要用手接触犬各个部位的护理与美容师。如果犬站在地板上，当人俯身试图去摸它时可能是危险的。如果犬在主人的怀中，人尝试去检查犬，犬同样会曲解人的意图，认为是在侵犯它的主人，会想要保护主人。这样的姿势下为犬做检查，人会因为无法控制犬而使其对自己具有攻击性，而犬主也可能因为抱犬的方式问题遮挡住犬打结的区域。

2. 迎接犬

（1）从犬进入店里开始，护理与美容师需要一直保持冷静，用轻轻的、安慰的语气轻声呼唤犬的名字。这有助于犬和人在一起时感到更加放松，从而减轻戒备。与此同时，犬开始解读人的情绪，看对自己是否友善，并决定是否允许人支配它。

（2）尽量不要向犬俯下身去，也不要从犬的头顶上方伸手去碰犬。这会被犬理解为一种有攻击性的动作。

（3）面对胆怯或好斗的犬，护理与美容师可以将头稍微转向一边，不要直视犬的眼睛，这会使你的肢体动作在犬看来少一些威胁性。

（4）对于表现出攻击性或胆怯的小型犬，可用牵引绳把犬的头向前拉，用另一只手把犬的身体抬起。将犬放在桌上并在犬的脖子上套上吊绳。

（5）如果犬比较大，而且可能有攻击性，可以让犬主帮助把犬放到桌子上。犬主在场有助于犬保持冷静，方便护理与美容师在犬站在桌子上时套上吊绳。

（6）当开始工作时，要确保犬的头部无法咬到人，因此对犬的检查要首先了解犬的后肢状况，这样可以确定犬的性情，以及犬能忍受被控制的程度。

切记：永远不要将脸贴近犬的脸！那样可能会被犬误解为一种威胁或挑衅。

(二) 护理与美容操作

（1）服务前检查。外观检查除了检查身体健康是否状况外，更着重检查宠物的毛发是否达到美容造型标准。

（2）登记。经检查不符合条件的宠物，不予登记，若宠主强烈要求，必须签订相关美容风险协议。

（3）美容室操作。护理与美容前再次检查并进行具体操作，对护理后的宠物进行造型修剪。

（4）主管检查。护理与美容师操作完成后，必须由主管或分管人员再检查一遍，如不符合要求，需要重新操作直至合格。

（5）通知客户领回，并将宠物放入安全干净的笼中等待。

（三）发生问题时的处理

进行宠物护理与美容时，因为一些特殊的原因，可能会造成某些涉及法律问题无法做过失决断而引发纠纷，所以在服务之前必须对此有所准备，这是宠物护理与美容一项非常重要的工作内容。

1. 提前做好免除责任表格　把每一项可能需要服务的内容要求等填写清楚让客户签字，这样就可以在需要时随时拿出免责表格和客户沟通，避免在出现意外情况时承担不必要的责任。

责任表格不建议统一复制或自行编造，而要根据宠物个体服务内容的不同逐一定制。免责表格的内容可以包括：

（1）毛发剥离问题。当宠物毛发打结严重，除非将其毛发剥离，将被毛留得极短，没有其他的办法可以解决，需要在表格中写明宠物在美容过程中暴露出被毛后的状况。例如，宠物咬伤部位溃疡、热斑、由于空气不流通而产生的刺激等。这些范围内的任何一个问题都可能因为被毛的去除而使刺激变得更加严重。通过签署免责声明，饲主确认护理与美容师无需对任何因被毛剥离而引起的上述情况负责，包括但不仅限于去除结痂、刺激性溃疡或热斑、耳朵血肿等。

（2）宠物原有生理问题。当饲主被告知任何需要免责的问题或条件后，在为宠物进行摄入量检查时如发现其身上的疮、热斑、小囊肿、增生、咬爪子的原始皮肤、因啃咬身体或尾巴而过敏、最近的手术位置、跛行等问题。免责声明需要饲主同意在护理与美容过程中人无需对这些范围产生的任何刺激负责。

（3）老龄宠物问题。对于老龄宠物，因为宠物的年龄较大，可能因为无法忍受整个护理流程并且远离舒适、熟悉的家庭环境而使健康问题受到影响。要通过签署免责声明，要求饲主确认该宠物美容结果没有年轻宠物的结果那么完美，并且如果饲主认为宠物的健康和幸福会受到损害，可以在完工前随时终止护理。

（4）宠物健康问题。当饲主知道宠物存在的健康问题，如心脏问题、呼吸困难、糖尿病、癫痫、近期手术、严重的皮肤疾病或耳部感染等问题，也包括远离家的压力等。通过免责声明，要求饲主确认该宠物美容结果可能没有一只健康宠物的美容结果那么完美，并且如果饲主认为宠物的健康可能处于危险的境地，可以在完工前随时终止护理。

（5）特殊要求问题。有些客户会对宠物的美容造型提出特殊的风格要求，而根据护美师的美容经验，这种风格可能并不适合该宠物。这时候可以让客户将他们想要对宠物做的美容要求详细描述下来并签字，这样当完成犬美容后，客户不会因为不喜欢这样的造型而追究护理与美容师的责任。

免责表格同时需要说明饲主需要承担宠物特殊造型要求可能产生的额外费用。

2. 按正常程序处理　在宠物的护理与美容过程中，不管多么小心谨慎，都有可能出现意外事故，这时候要立刻停止操作并向主管报告。如果宠物受伤，除了做伤口的紧急处理外，要根据受伤程度决定是否送至宠物医院处理。处理好宠物后，不管实际情况如何，都要联络宠物主人告知实情，并诚心实意地赔礼道歉，不可擅自判断"这点小事没关系""又不是什么大不了的伤"，甚至试图隐瞒或欺骗，这样只能使事情变得更糟。真心实意地向顾客道歉、解释是解决问题的最好办法。

四、主要工作内容

（一）遛犬

对于在店内寄养的犬或是店内饲养的犬，每天必不可少的工作就是进行遛犬。遛犬时最重要的一条是避免让宠物跑丢。因此外出时一定要为宠物系上牵犬绳。

遛犬时除了保护犬的安全，还必须注意犬排便之后的卫生处理等。遛犬基本步骤如下：

1. 检查笼内的情况　寄宿在店里的宠物，需要一只一只地确认它们在笼内的状况。有没有大小便、身体是否干净、和正常状态相比有无异样等。仔细观察，一旦发现问题，立刻进行记录。

2. 记录发现的问题　对于发现的问题，要一边确认笔记，一边将必要事项填入店内规定的笔记或病历卡上。记录内容除了排泄物的状态和宠物身体状况之外，观察到的其他问题也要详细记录。

3. 有疑问时找人商量　如果发现宠物的状态不对，千万不能放任不管或自行判断进行处理。要尽快找主管商量，听从指示进行处理。

4. 散步前为宠物带上项圈和牵犬绳　在店内寄养的犬，应避免和其他宠物接触，应单独带出去散步，以预防传染病和受伤。将被带出去散步的犬从笼子里放出来时，要小心为它们戴上项圈和牵犬绳，防止逃跑。散步时除了顾客原有的牵犬绳外，最好再多系一条备用牵犬绳，并将两条绳子一起握紧。

5. 外出遛犬

（1）走到车流量大的地方，要注意来往各种车辆，将牵犬绳拉短，人要走在靠车道的一侧，以保护宠物的安全。

（2）处理排泄物。如果宠物习惯在外面排便，要选择不会对附近住户造成困扰的地方让其排泄。出去散步时，一定要准备排泄处理袋和卫生纸，收拾排泄物。

（3）排泄后消毒。外出散步时要带着装有消毒液（将含氯消毒液等用水稀释而成）的喷壶，当宠物排便时，需要对排泄物喷洒一些消毒液。

（4）特殊情况时在室内活动。当天气不好，或者对象是幼犬或老年犬，要改在室内活动。视线不能离开活动的宠物，防止它们逃走。

6. 遛犬后宠物进笼　遛犬过后，根据每只宠物的具体情况，将它们轻轻刷毛后再放回笼子里。这时可抚摸宠物整个躯体，顺便检查宠物的健康状态，确认有无异状。

（二）喂食

宠物喂食程序如下：

1. 确认病历卡　检查每只宠物的病历卡，确认是否有指定的食物或处方食品。不可仅凭记忆喂食，以免出现差错。

2. 计量饲料　给宠物吃什么食物，都必须事前跟顾客确认。如果顾客没有特别指定，就按照店内指定的饲料喂食。在为宠物准备饲料时，注意每只宠物所需的饲料种类和饲喂量，以店内规定的方法正确计量后给予。

3. 个别喂食　在给予宠物食物和水时，可同时给予，也可待其吃完食物后再给水，根据不同店里的规定可有所不同。将餐碗放入笼内时，要注意开关门时防止宠物逃出等意外发生。

4. 收拾餐碗　宠物吃完食物应立刻收回餐碗，清洗擦拭干净后收到固定的地方。如发现有食物剩余太多等异常情况，立刻向主管报告。

（三）护理与美容

1. 犬的清洁洗浴流程　将宠物抱入/牵入美容室，再次检查并进行具体操作→将宠物放在美容桌上保定，梳毛、预解结→拔耳毛、采耳、剪指（趾）甲→将宠物抱入浴池固定好，准备好洗浴用具（用品），打开花洒，并以手背试水温，使水温保持在 32～38 ℃，擦洗全身，第二、三遍以同样的形式擦洗全身→将洗浴好的宠物保定在美容桌上→水池充分消毒→吹水：害怕吹风的犬，头部用小风吹水→吹毛：长毛犬只顺毛吹，卷毛犬只逆毛吹，边吹边解结→再次清洁耳朵→剃毛及护理修剪，根据主人需求喷洒香水，护美完成→美容桌及美容工具的清洁、消毒→主管检查→交付宠主→根据客户需要再行美容服务→送宠物与主人离开。

2. 猫的清洁洗浴流程　猫的专项洗浴护理大约需要 50 min，步骤如下：

（1）护理前准备。再次确认接待台的检查内容，如有明显萎靡不振或者其他健康原因不适合操作的即刻停止操作并上报。

（2）测试工作。不熟悉的猫到店务必进行操作测试，带防咬圈后至洗浴区，开淋浴后将猫逐渐抱到水源边，测试猫对水声的适应程度；关闭水源，将猫做前固定，吹风机从远处逐渐靠近，测试猫对声音的适应程度。用美容台上的吊杆和吊绳固定猫，人不离猫，防止猫独自逃脱；确保佩戴防咬圈，修剪指甲，前脚 5 个，后脚 4 个，速度要快。

（3）洗护。操作前工具耗材准备完毕，将洗浴所需各种浴液按照稀释比例稀释，准备妥当，梳子放在手边随时备用→消毒液的喷洒按照比例规范使用，消毒用品按照规范配比，并随时摆放在指定区域，在美容前给美容台消毒→清洁耳朵时要轻柔、力度适中，将污物清理干净以猫能接受为准→清洁眼睛：使用棉花蘸洗眼水轻轻擦拭眼睛，以可以将残存在眼睛上的毛发清理干净为准→清理肛门腺，除非主人特殊要求，否则猫不挤肛门腺→洗浴的步骤标准，按照身体、四肢和头部依次冲水、清洗，用手掩住耳朵不能进水，水温37～42 ℃为宜，重点部位如泪腺、腋下、肛门部位重点清洁→护毛素按照稀释比例稀释后，均匀涂抹全身，停留按摩 3 min 后进行冲洗→用吸水毛巾擦拭毛发→吹干：使用吹风机或者烘干箱将毛发吹干。

注意事项：①敏感的猫禁止使用吹水机，如果使用烘干箱必须随时有人在旁看护；②猫的毛发完全吹干，从毛根向毛尖处吹干，力度适中，以不划伤猫为准；③毛发梳理妥当，使用针梳或者排梳梳理全身毛发，腋下、腹底部位的打结部分尽量梳通梳顺，以猫可以接受的程度为宜；④遇到幼猫、老龄猫、胆小敏感的猫使用吹干设备时，操作要注意轻柔、慢、适当停顿。

（4）完成后检查。①检查耳朵是否干净；②眼睛是否明亮；③毛发是否吹干。重点检查腋下、尾巴、下巴、肚皮处，这些部位的毛要求彻底吹干；④按照流程交接，把猫放回到航空箱或背包内，按照实际情况将发现的问题如实填写到接洽表上，把美容接洽表转给前台接待。

（四）闭店

闭店时的作业流程和开店前基本一样，需要做店内清扫和照顾宠物等工作。

第三节 宠物的寄养

一、寄养流程

1. 体检 寄养宠物应先进行体检，体检合格后方可签订寄养协议。如检查出患有皮肤病或其他疾病，需独立隔离寄养，严重者可拒绝接收，并将情况如实告知宠主。

2. 签协议 签订"寄养训练协议"。

3. 安置宠物 接收寄养后，将宠物安置在指定笼房内，填写"宠物基本信息单"贴在宠物所在笼房门口。

4. 寄养工作日常 寄养室日常工作包括：遛犬、喂食、清理笼舍、护理等。寄养超过10 d需为宠物洗澡。

二、工作操作规范

1. 日常操作规范

（1）保证食皿卫生，每日清洗；保证水盆里有水且无异物。

（2）随时清理粪便，保持环境卫生。

（3）以一定比例消毒液消毒犬舍。

（4）房间内保持干燥，玻璃门保持干净。

（5）垫板每日清洗、消毒，并在彻底吹干后使用。

（6）保持公共区域卫生无杂物、地面整洁干燥，并随时检查。

（7）了解每只宠物粮食使用情况，如需补充粮食，需提前一周通知宠物主人。

2. 宠物训练操作流程与要求

（1）客户有驯犬需求的，由驯犬师负责全程接待。

（2）驯犬师根据宠物情况和宠物主人要求做出训练计划，与宠物主人沟通确认。

（3）与客户签订训练协议。

（4）驯犬师培训期间每天填写训练登记表，每项科目完成后拍摄小视频发给宠物主人，以便让宠物主人对宠物训练进度有所了解。

（5）训练结束后，将训练项目拍摄完整视频交给宠主，并将口令、手势与宠物主人进行交接和指导。

三、基本的电话应对

与客户的电话沟通在宠物护理美容业务中非常重要。因为在电话中看不到双方的表情，顾客仅能凭借声音来判断这家店的服务到底怎样，而护理美容师也只能通过电话来了解客户的基本情况和实际需求，并将客户成功邀约到店，因而在与客户的沟通中应以礼貌周到的措辞和热情活泼的语气来回应客户。接电话的基本礼仪与摘要记录如下：

1. 准备便笺纸和笔　为了能顺利应对随时可能打来的电话，需要在电话旁常备便笺纸和笔。便笺纸笔等宜放在电话的右侧，以方便左手拿话筒，右手记录。

2. 拿取话筒　在电话铃声响起时需要尽快接听，但不宜在响起的瞬间马上拿起话筒。一般以电话响两声接听为好。如果未能及时接听电话而让顾客等待的时间较长，接听时不要忘了加一句"让您久等了"。

拿起话筒后要先报出店名："喂，××宠物沙龙。您好！"语气要轻松活泼。

如果来电是在上午，也可以说："早上好，这里是××宠物沙龙。"

3. 寒暄　对方说出姓名后，多以"平日承蒙您的照顾""多蒙您的关照"等和对方寒暄。如果顾客没有说出姓名，要主动询问："不好意思，请问怎么称呼您？"先确认对方的姓名。

4. 电话转接　转接时候要按保留键，接电话后要转接给其他工作人员时，可以回答："找××是吗？请稍等一下。"然后按下电话的保留键。如不按保留键，一边用手捂住话筒，一边大声呼叫要转接的工作人员，有可能会让顾客听见店内的说话声，是不规范的操作。

5. 接听对象不在的时候　被指名要接听电话的人不在或无法接听电话时，可告诉顾客"××刚好外出中，稍后再让他回电给您"。为了慎重起见，这时不要忘了说一声"请留下您的电话号码"，留下对方的联系方式。

6. 对方请求留言时　如果对方要求留言，需认真听取对方所讲的内容并用笔记下要点。听不清楚对方的声音时，可以说"不好意思，能不能麻烦您再说一次？"，以正确掌握所要传达的内容，防止误传信息。

7. 确认转达内容　需要转达的内容在听完对方的讲述后，要看着笔记复诵一遍："请您确认一下，是不是……"来加以确认。

8. 报上自己的名字　转达信息时在确认留言的内容后，要报上接听者（自己）的名字"我是××"，然后说"谢谢""请多关照"之类的礼貌用语。

9. 挂断电话　让打电话过来的人先挂电话是基本礼仪，不要一结束对话就着急挂断电话，尤其当对方是顾客时，一定要在确认对方挂断之后才可以按下切断键。

挂断电话时要悄声进行，养成用手指按住切断键的习惯。如果直接放下话筒挂断，会发出"咔嚓"的声音，如果此时对方的电话还没有挂断，就会给对方造成失礼的感觉。

10. 注意电话沟通时的态度　不能因为对方看不见你的表情和动作就采取很随意的态度，仅通过声音和语气对方也完全可以感觉到你的态度和情绪，用肩膀夹住话筒或是用手托着下巴等动作都是不可行的。

第四节　宠物评估与档案建立

一、宠物检查与评估

犬、猫被送到宠物店后，在为其做护理美容之前，需要对其身体状况做充分、全面的评估，制定出基本的美容方案。并与宠物主人进行沟通和确认，防止因为宠物疾患或事故出现可能的纠纷。

对店内接收的宠物，首先要就宠物状况对宠物主人进行详细问询，并趁宠物主人在场时对宠物做必要的检查，以便对宠物做出准确评估。

（一）评估宠物

1. 宠物是否有需要注意的特殊问题 例如：很明显的臭味；被毛上跳蚤、蜱虫严重，或沾有口香糖、油脂；游泳导致的严重打结；在家里洗完澡还没有完全吹干等。

2. 检查从宠物的尾部开始向头部移动 这样做可以感受当人不在其牙齿攻击范围之内，尤其是当宠物因为一种不同寻常的情况而感到不舒服时，宠物对人的抚摸会有什么反应，即使不是初次光顾的宠物，也需要对其身体情况进行全面检查，看是否有变化。检查内容包括：

（1）被毛情况：宠物毛发是否干枯、毛糙、没有弹性、打结、褪色、毛发稀疏、掉毛。

（2）皮肤问题：是否有疣、痣、肿瘤、热斑、小囊肿、咀嚼引起的皮肤过敏或神经过敏等，是否存在皮肤干燥、有皮屑、死皮、红斑、皮肤病、湿疹等问题，耳朵是否发炎、是否有耳螨。

（3）体外寄生虫问题：如果有严重的跳蚤或蜱虫感染，要确定是否要在店铺处理或者建议请兽医进行治疗，以防止传染给其他宠物。

如果在店铺处理，要立即将宠物带到远离其他宠物的地方，或者直接将其放进沐浴槽中处理，彻底给宠物身上有过跳蚤和蜱虫的区域进行清洁和消毒。

（4）头部检查：是否有泪痕；口腔、牙齿是否有异常；眼睛是否充血。

（5）脚垫是否受损，是否有指尖炎、甲沟炎。

（6）脚趾有没有断裂，血线的长短。如犬步态不稳，则可能是关节有问题，或脚上有伤口或异物，需要根据实际情况做适当处理。

（7）下腹有没有创伤和湿疹。

（8）肛门是否发炎。

（二）制定宠物的护理美容方案

1. 与客户沟通 如果评估过程中出现了上述任何一种问题，首先向宠物主人说明情况，告知由于护理美容过程的需要，可能会对宠物进一步的刺激，一定要得到宠物主人的确认并在相关的免责条款上签字。其次是和宠物主人讨论解决所发现问题所需要的时间、程序和成本。

要向宠物主人咨询清楚宠物是否有健康或行为问题，以及需要特别关注和额外注意的事项。如果宠物有严重的健康问题，如心脏问题、开放性伤口或近期有过外科手术，一定要经兽医批准才能给宠物做护理美容，并让宠物主人签署免责条款。

如果观察到宠物的行为有问题，需要判断在护理美容作业时是否需要宠物主人待在宠物身边，或是否需要给宠物戴上保护装置（如嘴套或伊丽莎白颈圈）。

2. 了解客户对细节的要求 与客户沟通过程中要尽可能多地获得对方期待的细节要求，如被毛的样式、长度等。为避免混乱和误解，不要仅仅用"短"和"长"这样的字眼来表示被毛长度，因为你所认为的长短和客户所认为的长短很可能是不一样的。正确的做法是：

（1）为客户提供一个可视的参考，如可以用手指来指示长度，也可以使用刀片长度图表，明确客户希望的长度。

（2）向客户展示宠物美容造型指南，介绍宠物的美容风格，或者其他类似的宠物美容后的照片，给出可能的造型建议。

3. 判断客户期望的造型是否可行

判定条件包括：被毛的式样是否符合期望造型的要求；宠物的健康状况是否足够配合来完成护理美容；是否有足够的时间来进行此种造型等。

如果可以做客户期望的造型，需要将涉及洗毛、手剪或其他所需的额外操作的时间和价格告知客户。

如果不能做客户期望的造型，如犬毛发打结严重或年龄太大、不合作、健康状态较差等，最好也要提供其他可实现的造型方案给客户。

二、建立宠物档案

（一）制作评估表

对宠物的评估检查完成以后，以表格的形式将检查内容和评估结果一一记录，方便服务作业时参考，以及日后查阅。

评估表格制作可参考以下形式：

基础体检报告单

1. 眼睛	2. 口腔、牙齿、牙龈	3. 泌尿生殖系统
□正常	□正常	□正常
□发炎	□牙齿断裂	□排尿异常
□眼睑畸形	□创伤	□生殖器有分泌物
□白内障	□溃疡	□睾丸、阴茎异常
□晶状体硬化	□肿瘤	□乳腺囊肿
	□牙齿脱落	□前列腺肿大
	□牙槽脓肿	
	□牙龈肿胀	
4. 皮肤和毛发	5. 腿和爪子	6. 耳朵
□正常	□正常	□正常
□烧烫伤	□跛行或残疾	□发炎
□咬伤	□韧带拉伤	□血肿
□撕裂伤	□关节问题	□肿瘤
□肿瘤	□发炎症状	□细菌感染
□水肿、气肿		
7. 肺	8. 心脏	9. 腹部
□正常	□正常	□正常
□有杂音	□心脏杂音	□增大
□咳嗽	□心率异常	□腹水
□呼吸异常		□腹部异物

10. 鼻子和咽喉	11. 体重＿＿＿ kg，体高＿＿＿ cm	
□正常	□正常范围	性情是否正常　是□　否□
□鼻腔肿瘤	□超重	是否在孕期　是□　否□
□浆液性脓性分泌物	□超轻	是否去势　是□　否□
□淋巴结肿大	12. 其他明显眼观性疾病：	

（二）建立档案

宠物档案的建立是为了在宠物饲养和护理美容过程中随时掌握和了解宠物情况，安全地进行护理美容操作。宠物档案应包含宠物姓名、性别、年龄、品种、颜色、体高、体重、性格、疫苗接种情况、美容频率、皮肤情况、健康问题、宠物主人姓名、联系方式、宠物主人住址等内容。

第五节　宠物生命关怀与陪伴

宠物死亡后，对死去的宠物进行较为正式的安葬和追思活动，同时对宠物主人的心理情绪给予适当的关注和安抚，这是在一些发达国家比较常见的针对宠物死亡而进行的活动，体现了对宠物的人文主义精神。

一、殡葬

1. 遗体接运　一般宠物死亡时的遗体接运有下列几种情形：①到饲主家中接运宠物遗体，这种情况主要发生在高龄宠物，饲主会主动要求将深爱的宠物带回家中度过最后的时光；②到动物医院接运宠物遗体，这种情况大部分是宠物发生意外或送医救治后死亡。

接运宠物遗体时需要注意以下事项：①宠物一般放在宠物尸袋，部分有冷藏效果；②工作人员有自我防护与卫生管理意识，戴好手套、口罩；③向饲主说明接运的流程和遗体暂时安置的方式；④接运遗体的车辆离开前或入冰库前，举行简单话别仪式。

2. 遗体净身　无论从家中或是动物医院接运的宠物遗体，除非是立刻火化，否则一般都会经过冷藏的程序，因此在火化前必须要经过退冰、沐浴、吹干、梳理等净身步骤。

专门为宠物办理告别安葬仪式，意味着饲主与宠物的依附关系密切，宠物的死亡对于饲主或饲主家庭成员来说都会带来失落、悲伤情绪。在为宠物净身的时候，如果能适时地让饲主成员参与其中或是部分程序，对他们来说无疑是一个安慰。

宠物的遗体净身并无标准程序，但是宠物本身的毛发多寡是决定采用何种方式的关键，事后遗体的整理包含吹干、梳理，都可以让饲主成员参与，同样也可指导饲主在为宠物梳理的同时可以和它话别。

3. 火化前仪式　无论择期火化还是宠物运送来之后立刻火化，在宠物遗体送入火化炉前都会举行告别仪式。仪式通常在火化炉前设置的一个小的仪式厅举行。

如果饲主并无另外安排追思仪式，火化炉前的告别仪式对于整个宠物丧葬服务过程来说，便会成为一个最重要的时刻，无论仪式时间的长短，务必要让饲主与饲主家庭成员能够有充裕的时间和宠物进行告别。

追思仪式四原则：道谢、道歉、道爱和道别。

（1）道谢：感谢宠物陪伴所有家庭成员度过每段欢乐的时光，感谢宠物给家庭带来欢乐。

（2）道歉：许多饲主对宠物的忽然死亡或意外死亡会有自责愧疚的心理，即使宠物是自然死亡，也仍然会让一些饲主产生没有尽到好好照顾宠物责任的愧疚感。通过仪式表达对宠物的歉意可以减轻饲主的愧疚心理，调整心态。

（3）道爱和道别可以经过设计的仪式来呈现。

4. 服务流程规划与设计 具体见图7-5-1。

接运遗体 → 遗体净身 → 火化前仪式 → 拾骨 → 安置模式 → 追思纪念模式

图7-5-1 宠物殡葬流程

二、安置与追思

（一）安置仪式

拾骨后需要马上进行骨灰的安置。宠物骨灰的安置一般不会像人的葬礼那么复杂，但是在入塔安放前仍然需进行一个简单的安葬仪式，撒葬也同样要在撒骨灰之前安排仪式，不能因为是采用树葬、花葬或其他的撒葬方式就草草了事。对于饲主而言，采取哪种安葬方式都是对宠物的一种"爱"的方式，宠物临终服务师都不可认为"简单安葬"即可，在仪式上的安排忽略庄重性。

（二）追思纪念仪式

宠物殡葬行为"殡"的部分则更多地效仿了人类，主要是指告别仪式。除了一般的宠物丧葬服务，有些饲主会希望为自己的宠物安排举行特别的追思纪念仪式。

宠物既已成为饲主家庭的一员，它在家庭成员的社交或人际关系中，也就有了一定的参与度，社群内有成员去世，通过一场正式仪式，成员之间互相安慰也就有了一定的必要性。

现在有的宠物甚至已经成为社群内的公共财产，追思纪念仪式不仅仅是告知社群内这一不幸的消息，同时也是社群借由追思过程缅怀宠物对群体的贡献，从而也给大家一个与宠物告别的机会。

宠物去世追思仪式的内容包括：地点；象征性符号；道具；个人与社会网络的支持；具疗效的话；专业、令人信任的指引或引导者；告别。

三、对饲主的人文关怀

（一）饲主失去宠物后的心理状态

1. 常见心理状态为失落 常表现为：否认、不相信、没有想到、愤怒、强大情绪宣泄、回避自我责任、自责等。

2. 不同程度和形式的悲伤 具体表现为：可预期的悲伤、不可预期的悲伤、被剥夺的悲伤以及病态性的悲伤。不同程度和形式的悲伤的心理反应各不相同，遇到复杂的悲伤个案需要转介。

3. 抑郁反应 表现为：食欲不振、体重减轻；失眠、经常凌晨醒来；疲倦及四肢无力；躁动不安、手足无措；自责、罪恶感；无助、无用、无望；自杀念头或企图等。上述症状具备5种以上，且时间维持超过一个月，即需要到专门机构进行抑郁症筛查。

4. 失去宠物的悲伤反应和应激 研究发现，宠物死亡事件发生之初，有87.5%的饲主至少经历一种悲伤的表现，6个月后这些表现发生的比例降为35.1%；一年后剩下22.4%的人仍存在悲伤的表现。也就是说，失去宠物的悲伤程度会随着时间的流逝有所变化和改善。

失去宠物可能对饲主身体与心理健康方面产生一连串的冲击。宠物死亡后许多饲主都在饮食、睡眠以及社会活动上产生显著困扰。

相关研究发现，以下 7 种类型的人对失去宠物的悲恸反应较为强烈：女性；犬主人比猫主人强烈；宠物意外死亡；主人独居，只与宠物相伴；没有小孩但饲养宠物的家庭；社会支持系统差；失去宠物的同时，也面临其他压力事件。

（二）宠物死亡后对饲主的关怀技巧

1. 悲伤在心路历程的功能　一般人会认为，悲伤是没有用的、于事无补的，是一种逃避现实的借口。但是心理学认为，当人遇到生活中的变故，悲伤是自然的、正常的。相反，悲伤是背负了某种使命和任务的。这些任务使命是：①接受失落的事实；②经历悲伤的痛苦；③重新适应新（故人不在）的环境；④重建新关系，再出发。

2. 如何对饲主给予关心和帮助

（1）在事前给予关心。如：

饲主：（需要信息）

服务师：您可以……（着眼于客观信息）

饲主：感到不安。

服务师：会感到不安，是很常见且正常的。在感到不安时，可以……（祷告、转移注意力、做点儿什么让它舒服一点、打电话倾诉一下、出去找朋友喝杯咖啡……）

（2）在事后从自己的失落经验谈起。

① 自我揭露。每个人都会遇到失落的时候，谈自己最难过的经验。以及自己如何走过来的心路历程。

② 接纳他（她）的故事和悲伤。温暖的同理心是最简单的支持，情绪释放不仅正当，而且有益心理健康。

③ 帮他（她）觉察自己可能有的情绪，不要强迫他（她）一定要走出来。

（3）情绪宣泄的自助方法。保存一个纪念物（象征物）、写日记、纪念曲、绘画、用舞蹈的形式纪念等。

（4）走出悲伤情绪，开始新的生活。不管是何种原因失去宠物，举行一个简单庄重的仪式（形式因人而异，重点是传达心意）与逝去的宠物告别，表达祝福与感谢过去的陪伴等。告别后一段时间会有忧郁、孤单、自责等悲恸情绪，这时候建议积极寻求亲友的支持与陪伴。这样就可以使自己悲伤的情绪渐渐平复，接下来也较能平静地去面对失去宠物这件事，恢复正常的生活。若还是难以走出悲恸情绪，需要找相关的专业机构协助处理。

第六节　店铺的经营与管理

一、开店考量

1. 进行调研和保证专业性　对准备售卖的商品和开展的服务进行深入了解，做好充足的市场调研，是开店之前必不可少的准备工作，这是确保投资和收益成正比的必要条件。宠物店经营者除了自身需要有专业的技能之外，还要确保招揽到需要的技术人才。专业知识和充足的经验，二者缺一不可。

2. 确定宠物店的经营范围　宠物店的经营范围很广，商品和服务的种类多种多样，在开始正式开店之前，一定要先确定好店铺的主要经营范围。各种规模宠物店的经营内容见表

7-6-1。常见的是大型综合宠物店和犬、猫专门店。

表7-6-1　各种规模宠物店的经营内容

大型综合宠物店	活体	犬、猫、观赏鱼、鸟、其他小动物
	商品	宠物食品、用具、日常用品
	服务	宠物美容、宠物寄养、宠物训练
	其他	包含动物医院、培训学校、训犬教室
宠物店（专门店）	活体	犬、猫
	商品	宠物的用品
	服务	宠物美容、宠物寄养、宠物训练
美容沙龙	活体	预约繁殖
	商品	犬、猫的用品
	服务	宠物美容、宠物寄养
特推商品店铺	活体	不涉及活体
	商品	特选宠物食品，特选宠物用品、服装等
	服务	无

（1）一般的"综合宠物店"包括犬、猫、观赏鱼、鸟类等，涉及的品类丰富多样，店铺的规模也比较大。近几年还出现了专门经营爬虫类、鼬类、仓鼠等风格独特的小型宠物店，在经营时需要特别注意活体的健康问题，店内需配备这方面的专家。

综合宠物店的店铺设施一定要齐全，要有特殊的活体展示区域。消费者会根据店铺的规模和商品的种类来选择自己更倾向的店铺。综合宠物店又分为不同的经营板块，因此店铺管理也是非常重要的。

（2）犬、猫专门店经营范围及模式。这里所说的是与综合宠物店相对应的专门针对犬、猫的"专门店"，这种门店是将宠物美容或宠物寄养等服务类业务扩大经营为一整家店，店内以宠物护理和美容业务为主，对宠物进行洗澡、美容、护理保健、造型修剪等，同时可兼具宠物服饰、食品、保健品、玩具、住行用品等宠物用品销售，以及宠物摄影、宠物交易、宠物寄养等相应的服务。

具有一定规模的综合宠物店对于店铺大小、人员配置、投入资本、库存负担等各个方面都要考虑周全，经营相对更复杂，对于新入行者或个人经营者来说经营难度相对较大，而专门店对于个体经营者来说则更容易。个人经营的专门店要想在与大型综合宠物店的对抗中生存下来，必须要有更加专业的宠物饲养知识，并与宠物饲养者保持紧密联系以获得更多的宠物商业信息，同时还要在商业运作中不断拓展新业务、创新经营模式。

其可采取的经营模式包括：依附宠物医院开店、加盟宠物连锁机构、独立经营开店、开网店等。

二、工作环境管理标准

（一）大环境要求

光线和环境是宠物店的必备要素，房间的朝向和光线进入房间的走向与店铺内活体陈列的位置息息相关。店铺周边概况都要提前了解，尽可能把今后可能遇到的麻烦在开店之前避免，这些对于店铺选址和店内环境都是非常重要的因素。

店外是否有可供顾客停车的空间也是宠物店环境考量的重要一环，要尽量确保店外有足够空间供开车来的客户停车。处在城市中心的店铺可能会遇到店铺周边因一系列环境问题引起周围人的不满，以至于店铺不受欢迎，进而对经营造成不好的影响。这些环境问题可能包括：宠物的叫声（噪声）、臭味、被毛脱落四处乱飞、不卫生的环境条件等。在住宅密集区域开店，或是处于楼房底层的店铺，都要注意自身环境，不能给周围的居民造成困扰；在餐饮店或小吃店旁边开店，要与周围的商家共同探讨保护环境的相关对策。

（二）门店环境要求

（1）换气系统必须处于开启状态，空调的出风口保持清洁（无灰尘/未挂毛）；空调过滤网每天晚班进行简单清理。

（2）变频空调统一设置温度。

（3）紫外线正常开启。

（4）全区域无异味。

（5）地面干净，无污渍、无积水。

（6）所有座椅、沙发干净整洁，摆放整齐，椅轮可灵活滚动无卡死的毛发。

（7）垃圾桶无溢满（未超过 2/3 或从操作间外看不到毛发）。

（8）玻璃干净明亮，墙面无污渍、无灰尘。

（9）照明全部开启，灯具及其他部件无灰尘、无损坏。

（10）宠物在店内排泄后，必须第一时间清理，并在清理后在便区喷洒消毒液。

（三）洗浴区环境要求

（1）洗澡池、吹水台是给宠物洗澡的地方，要选择适合宠物大小的浴槽，以方便使用。小型犬放在大型犬浴槽里洗要垫高，以免浴槽太深，梳洗不便。同时浴槽要能轻松调节水的温度和水流的强度。

浴槽大小要求如下：

大型浴槽：50 cm×120 cm。深度 48 cm，高度 88～100 cm（图 7 - 6 - 1）。

小型浴槽：47 cm×78 cm。深度 39 cm，高度 88～100 cm。

（2）洗澡池、吹水台每单完成后及时清理并消毒。

（3）洗澡池内不得乱放杂物。

（4）洗澡池上物品摆放整齐、清洁。

（5）吹水台上的保定绳及时清理并消毒；吹水台保定杆晚班及时清理干净并拆除放置于吹水台上，通风干燥。

（6）保持吹水机的底部清洁，每天晚班及时清理，并定点放置。

（7）吸水毛巾及大浴巾正确消毒并妥善管理。

（8）使用过的浴花要充分冲水再消毒后使用。

（9）洗澡室内的清洁物品正确分类摆放与使用。

（10）洗澡池底部毛发每天晚班及时清理。

（四）美容区环境要求

（1）美容车正确粘贴标签并做分层处理，工具摆放整齐，抽屉内保持整洁。

（2）消毒区工具摆放整齐，辅助消毒物品保持清洁状态。

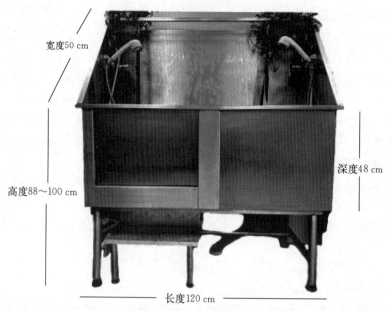

宽度50 cm

深度48 cm

高度88～100 cm

长度120 cm

图 7-6-1　大型浴槽

（3）药品区物品保持清洁，无破损、无过期。

（4）美容桌使用后正确、及时清理并消毒，保定杆晚班及时清理干净并拆除，放置于美容桌上，通风干燥。

（5）美容桌的保定绳使用后彻底清理并消毒。

（6）SPA 机使用后彻底清理并消毒。

（五）等候区环境要求

（1）临时存放区的笼子（航空箱、存放柜）保持清洁、无异味，每次宠物离开后都要彻底消毒。

（2）待护理和护理完成的宠物分开放置。

（3）等待笼必须每天清洁和消毒。

（六）消毒标准

（1）有菌、无菌分开。

（2）清洁、污染分开。

（3）常用、不常用分开。

（4）流水化操作，减少人员交叉移动。

（5）不能跨越无菌区取放物品。

（6）干湿分离。

（7）洗澡美容室每晚用紫外线灯消毒。

三、店铺的设计

（一）店铺整体装修设计

店铺的装修与设计关系到宠物店的工作环境是否舒适实用，是否能让顾客感到专业和信任，对整个店铺的经营起着重要作用。店面装修风格不同，会吸引不同的客户群体，进而影响产品及服务的价格。宠物店的装修风格具有以下特点和要求：

◆具有高档消费群体店铺的装修需要给人豪华、奢侈而又温馨、时尚的感觉。

◆室内装饰应以亮色为主，整体明亮的色调会让人本能地产生好感。

◆店内设计要保证宠物安全（图7-6-2为宠物店内部设计示意图）。

◆宠物店命名要能体现行业特色，并彰显店铺个性。可冠以形象设计室、美容工作室、美容会所、美容保健中心等名称，也可选择与宠物有关的、充满人情味的名字作为店名，以引起顾客的认同感与归属感。

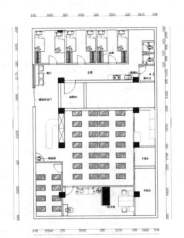

图7-6-2　宠物店内部设计示意

1. 开放性　在对许多饲养宠物家庭的调查中发现，因为看到了可爱的宠物才冲动购买的人所占比例是相当高的。因此，让潜在客户在店外就能看到店里的活体展示是店铺设计的重要因素。

设计要求：

（1）宠物店设计最好有能从外面一眼看到店内的大块玻璃。当看到店内舒适、专业的环境时，顾客更容易被吸引。可以用树脂材料，结合店内橱窗玻璃的扩张效果，形成一个宠物居住的空间形态。

（2）如果只考虑功能性，采用折叠的金属制宠物笼子就足够了。要根据店铺的空间、预算和可以展示的宠物数量来进行相应的选择。

（3）活体区域的橱窗上方最好能有一些装饰，并配有遮阳、遮光设备。或者把活体区域设置成可移动的活体展示箱，在阳光直射或过强时移动到其他地方。

2. 门面设计　一个美观、醒目的门面设计会给顾客留下深刻而美好的记忆，用于展示美容效果的橱窗也要具有吸引力。门厅处挂一幅美容师的工作照或赛场图片、获奖照片，会有很好的宣传和推广效果。自动感应或红外线感应式的大门对动物也会有反应，因此不宜选择此种大门，以防宠物逃走，触摸式自动门是最佳选择。

3. 地板构造　店内地板经常接触各种活体，要定期消毒清理，因而最好采用防水、倾斜的构造。所有家具与地面接触的部分都应该做防水处理，下方还应留出便于清扫的空间。

4. 墙壁色调与材质　宠物店墙壁以温馨的奶油色为底色最好，再加一些其他的明亮颜色。因为可能会经常接触到水，所以最好选择塑料类没有凹凸的材质，同时避免可能由于经常使用含氯消毒剂而导致的褪色。

5. 光线　店内要尽可能显得明亮一些，营造出轻松的氛围，因此照明设施的选择也很重要。夜间营业时，店外明亮的招牌可以当作照明设施；使用荧光灯照明时，荧光灯和外部道路并排可以大幅增加明亮的感觉。

6. 换气装置　因为店内有活体，容易产生臭味，为了清洁和防止传染病的发生，换气装置必不可少。考虑店内会有很多犬毛、猫毛，可以在排气装置的气流出口处加上过滤网，防止毛发飞到店外。

（二）宠物安全和局部设计

1. 美容室设计　美容室最好是从外部能够看到内部的构造，但是也要有在必要情况下

111

能够遮挡视线的设计。宠物的自动干燥机等设备最好摆在从外部看不到的位置。

2. 作业台　标准要求如下：

（1）美容作业台摆放的位置要能够允许美容师绕美容桌一圈不受阻碍。

（2）美容桌最好选用可以根据美容师身高调节的可升降美容桌。

（3）吹风设备以吊式为佳，以便美容师可以站着进行吹干操作。

（4）因为要经常使用电推等设备，因此插座最好也设计成吊式，以方便美容师操作（图7-6-3）。

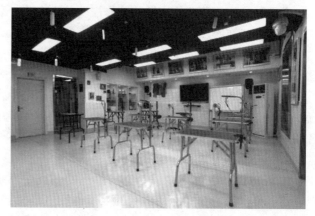

图7-6-3　吊式插座

3. 活体区域

（1）冬季夜间活体区域需要有加热器等装置，加热器电源应放置在保证安全的地方。

（2）橱窗玻璃应采用双层玻璃，以减轻外部压力（图7-6-4）。

4. 防宠物逃跑设计

（1）美容室和宠物寄养的区域要设置防止宠物逃走的装置，两者入口处都应采取方便向内和向外观望的构造。

（2）洗澡的浴槽也要有防止宠物逃走的设施，浴槽要足够深，最好使用宠物专用的设备（图7-6-5），还应设置大型犬洗浴专用区域。

图7-6-4　活体橱窗

图7-6-5　宠物专用浴槽

5. 宠物的安全设置　宠物洗浴用的热水器要采用能够持续使用的设备，耐用性和安全性要好。为了能够减轻寄养宠物的压力，宠物寄养区域应该采用不同种类的动物看不到对方的设计，同时还要有防止宠物逃走的相关措施。

（三）商品的摆放

1. 商品陈列要避光 阳光透过窗户直射容易导致商品变质、商品的包装褪色等问题，因此，商品陈列柜台的物品摆放要特别注意避光。

2. 商品摆放设置

（1）位置选择。顾客一般会本能地习惯沿着墙面移动，因此可以把主要的商品挂到墙上并合理搭配，以此增加顾客的购买欲望（图7-6-6）。

（2）摆放角度。在顾客移动时容易关注到的范围内（一般为移动中上下左右20°角的范围）、顾客易于拿到的地方放一些样品。货架的高度最好是地面以上60~150 cm。

（3）价签标注。陈列的商品要全部贴上价签。价格的设定根据进货价再结合附近店铺的价格确定。如附近店铺也有的产品，定价可相对便宜，自家独有的商品可以定价稍高。

图7-6-6 商品摆放示例

四、几个主要活动区域的设计指引

（一）美容室

1. 房间设计要求

（1）温度要求。以室内温度18~25 ℃、相对湿度40%~50%为宜，根据面积决定空调匹数和数量，以达到温度要求。如环境潮湿，需加强通风或者配备除湿机。

（2）墙面要求。墙面瓷砖高度不低于1.6 m；墙插高度距地面40 cm，需加装防护罩；石膏墙体需有龙骨以便固定吹水机，高度一般在1.2~1.6 m。

（3）下水要求。地面地漏或下水槽位置需略低于洗澡间地面高度；如洗澡间业务量大需单独设置下水槽，下水槽高度根据笼子的尺寸不低于5 cm；下水槽排水到地漏处要设置三层隔离笼子或过滤网。

（4）设备数量配比。洗澡池和美容台的配比关系为1∶2。

2. 水电需求

（1）水。下水主管直径不小于75 mm，建议100 mm左右最好；上水管直径为20~32 mm；设置总阀门，并在区域内根据业务模块分别设置独立计量水表，市政污水下水管道。

（2）电。根据单店用电量，一般容量不小于30 kW，以50 kW为宜；电压380 V。

3. 其他要求 可申请独立网线及电话线；可提供门头安装位置；可提供不小于三个位置的空调室外机安装位置；有专用排风系统。

（二）美容台

1. 美容台常规尺寸 占地面积600 mm×600 mm；使用面积1 800 mm×1 800 mm。

2. 配置 每个美容台需配置1个垃圾桶、1个毛刷、1根吊线电源、一个工具柜，并有预留空间。

3. 美容台桌面可旋转并配有吊杆和吊绳 美容桌通常分为固定式和携带式两种。固定式美容桌比较稳固，可以上下移动，也能 360°旋转。如果美容桌支撑的轴心较细，若桌面过大可能因宠物的动作而使桌面晃动，所以在选择时要选轴心较粗、比较稳固的美容桌。携带式的美容桌通常可以折叠，既能在家使用，也可以带到展示会场，使用起来非常方便，缺点是使用时不是很稳固。

在选择美容桌时，需要考虑几个条件：

（1）美容桌要稳固，表面用不过于光滑且可以水洗的材质。

（2）要配合宠物大小和作业方法。例如，需要让犬横着梳腹部毛时，美容桌的面积要足够大；如果是站着修剪的㹴犬，美容桌的面积就不需要太大。

（3）美容桌可以让美容师站着轻松作业。

两种美容桌各有所长，美容师需配合自身的条件和需要，选择稳定性较高的美容桌。

（三）洗澡间

1. 吹水台 每个吹水台需设立独立隔断区域，配置一个标准墙插。

2. 吹水机 首选挂墙式吹水机，三相插头为佳。

3. 热水器 容量不低于 100 L。

（四）沐浴槽

1. 尺寸要求 浴槽尺寸以总高度 900～1 000 cm、长度 1 400～1 500 cm、宽度 750～785 cm 为宜。内槽以高度 500～550 cm、宽度 750 cm、内槽长 1 200～1 400 cm 为宜。浴槽承重 100 kg。

2. 设计要求 浴槽底部需露出下水管方便维修；底部需设置空间方便放脚；使用旋钮混水器，要配备固定栓；预留浴液、毛巾放置位；槽内底部需配备防滑板；每个浴槽需配置一个吹水台。

（五）活体展示设施

活体展示（猫、犬），即在店内代售宠物的展示，是宠物店很重要的内容之一，对于综合宠物店来说，需要有专门展示活体的空间，并要带有展示效果的玻璃橱窗。

1. 活体展示设施的材质与构造

（1）材质选择。展示橱窗的设计要结合店内的整体装修情况，充分考虑温度、光照、噪声等问题，以及活体管理中必不可少的消毒措施。使用的建材材质要充分考虑这些因素，需要能够长期经受液体喷雾消毒的腐蚀，并尽可能缩小缝隙，使螨虫和跳蚤等外部寄生虫不易入侵。

与宠物接触的部分也要尽可能使用不易吸收水分的材料。最好不要使用易残留水分和细菌的木质材料，选择金属或树脂等不宜于被消毒药品腐蚀的材质更符合要求。

（2）结构。由于展示箱可能要移动或换位，采用可以拆分的结构更加方便。总的来说，既能尽可能阻断与周围环境的过度接触，又能保证空气流通的设计最为理想。

2. 活体展示设施、设备组装

（1）组装程序及要求。先从侧壁开始，隔出不同的区域，作为不同种宠物的居住区域。要保证尿液等液体不会渗到外面或者旁边宠物的区域。为了使橱窗能够自由地利用和配置，现在的主流设计是更为方便、美观的小规模宠物展示区。

（2）健康卫生要求。由于一般展示橱窗的后面都与墙面相连接，所以打扫和护理一般是从前面进行，顾客也有可能从前方接触到宠物。这就要求对宠物的健康和卫生管理有更为严格的管控。

（3）安全问题。橱窗展示必须考虑到让各个区域的宠物居室互相隔开，并要保证展示橱窗的门时刻关闭，防止事故发生。

（六）宠物笼

1. 宠物笼标准要求 宠物笼可以不用很高档，但是需要便于移动和运输，使用后可以折叠起来浸到水槽中进行消毒。

2. 问题与解决办法

（1）宠物笼的问题。①保温困难，除了接触地面的部分，宠物笼其他各个面都是镂空的，在保温上比较困难。②安全感缺乏，在开放状态的笼子里，宠物睡觉会缺乏安全感。尤其对于犬类来说，这种镂空的笼子会让幼犬感到非常不安，从而增加心理压力。

（2）解决方法。在笼子里再放一个小箱子，使宠物笼变成二重结构，或者在笼子的外部整体罩上一个罩，解决宠物安全感和保温的问题。金属制的笼子主要是用来移动或者短期保管宠物。

五、宠物店装修设计需要注意的问题

1. 温度调节

（1）室温设定考虑因素。最适宜宠物生活的温度，根据宠物的种类、年龄、数量、外部气温等不同会有一定差异，不能一概而论；宠物店的工作人员、来店的顾客等，这些人对室温的喜好也不尽相同；同一面墙，墙的上方和下方的温度都存在差别，出入口的温度还会受到外界温度的影响而有所差异；日光照射、空调气流等所造成的影响，都会使活体区域的温度受到影响，管理起来有一定困难。

（2）解决办法。要结合人与宠物对温度的需求来进行室温调节，最好的办法是对不同宠物的区域根据需要适当加温或减温。

2. 减少宠物压力 被展示的宠物幼崽都会感到一些压力。例如 50 日龄左右的幼犬，每天 70%～80% 的时间都需要在睡眠中度过，往来不断的客人会增加这些宠物的压力，导致宠物食欲不振、身体素质下降等问题。应该把年龄相近的幼崽放到更符合它们体型的箱子中，不要过度打扰它们，这样就可以适当地减轻宠物的压力。这也是活体管理中不能忽视的一环。

3. 异味

（1）异味问题与活体区域构造相关的问题之一。无论如何，异味对于顾客来说都是一个不好的体验，店家不能只站在卖方的立场，认为"这些终究是动物，有异味很正常"，而要积极采取换气通风的措施，努力打造没有异味的宠物店。

（2）解决办法。利用天井或在墙壁上安装的强制排气装置，采用让店内的空气经由活体区域再排出的构造，使排泄物的臭味和动物的气味随着空气流通排出。定向的空气流通还可以有效防止传染性疾病的发生。

4. 隔离 新到店的活体宠物有可能带有传染性疾病，需要隔离饲养一段时间。基于这一考虑，在设计店铺的时候就要在活体区域开辟出一块专区，与其他展示箱分开，用作隔离区。

此外，在店内也不宜存放过多的活体宠物，这样有利于防止疾病的发生和传染。

图书在版编目（CIP）数据

宠物护理与美容：通用 / 名将宠美教育科技（北京）
有限公司主编 . —北京：中国农业出版社，2020. 12（2024. 1 重印）
"1＋X"职业技能等级证书配套系列教材
ISBN 978 - 7 - 109 - 27359 - 7

Ⅰ.①宠…　Ⅱ.①名…　Ⅲ.①宠物－饲养管理－职业
技能－鉴定－教材②宠物－美容－职业技能－鉴定－教材
Ⅳ.①S865.3

中国版本图书馆 CIP 数据核字（2020）第 180377 号

中国农业出版社出版

地址：北京市朝阳区麦子店街 18 号楼
邮编：100125
责任编辑：李　萍
版式设计：王　晨　责任校对：刘丽香
印刷：中农印务有限公司
版次：2020 年 12 月第 1 版
印次：2024 年 1 月北京第 3 次印刷
发行：新华书店北京发行所
开本：787mm×1092mm　1/16
印张：7.75
字数：180 千字
定价：42.00 元